せかいの国鳥
にっぽんの県鳥
監修 小宮輝之
編集 ポンプラボ
KANZEN

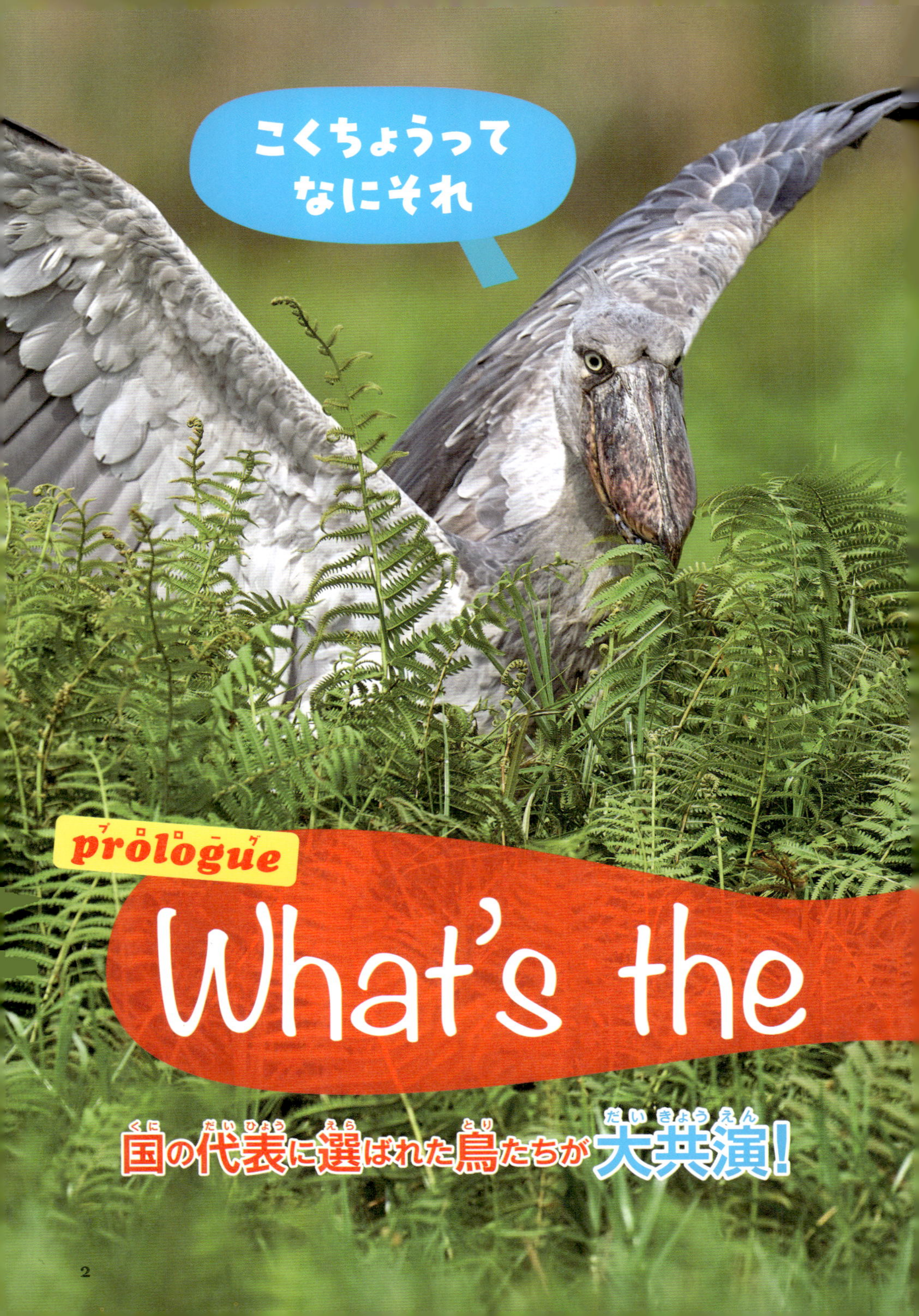
こくちょうって
なにそれ
prologue
What's the
国の代表に選ばれた鳥たちが大共演!

おいしいの？

national bird?

多くの鳥の中から国を象徴する存在として選抜された国鳥。いずれも人々に長く広く愛されてきたその国ならではの鳥たちです。ここでは思わず視線がくぎ付けになる個性派を中心に紹介します。

→p144

サイチョウ →p103

ゴクラクチョウ →p116

アンデスイワドリ
→p149

はじめに

世界の多くの国では、国のシンボルとなるものが決められています。その最たるものが日常的に目にすることの多い国旗で、国章や国歌などがそれに続きます。

また、国花や国樹、そして国鳥など、動植物から選ばれたシンボルもあります。ただ、一般に“国○”と認識されていても、国旗のように国によって制定されたわけではなく、慣例的にそう扱われている、いわば非公式のものも珍しくありません。と

ホオジロカンムリヅル →p134

いうよりこちらが多数派で、日本の国鳥とされているキジも後者です。しかしいずれにしても、そうした国鳥たちが長くその国で親しまれてきたことに変わりはありません。

本書は、そんな公式・非公式の国鳥と、都道府県ほか日本の地方自治体のシンボル鳥にスポットを当てた一冊です。鳥たちを通して見えてくる国や各地方の自然や歴史文化、人々——あまり知る機会のなかったその一面にぜひふれてみてください。

にっぽんの県鳥

1960年代半ば、鳥類保護の思想を広めるために選ばれた各都道府県の鳥。市町村にもその動きは広がっていきました。そうして選ばれたシンボル鳥たちは、地域の自然環境、歴史文化などを伝えてくれます。

都道府県のシンボルの鳥たち

都道府県ごとに決められた郷土を代表する鳥のことを「県鳥」といいます。1963年に農林省（現農林水産省）の林野庁の呼びかけで指定されました。ここではその顔ぶれを見ていきましょう。

1 北海道(→p18)
タンチョウ
北海道地方
東北地方
2 青森県(→p20)
34 島根県(→p65)
ハクチョウ
3 岩手県(→p23)
32 岡山県(→p66)
キジ
4 宮城県(→p24)
ガン
5 秋田県(→p26)
8 群馬県(→p36)
ヤマドリ
6 山形県(→p28)
31 鳥取県(→p64)
42 長崎県(→p78)
オシドリ
7 福島県(→p30)
キビタキ
9 栃木県(→p34)
オオルリ
10 埼玉県(→p37)
シラコバト
11 茨城県(→p32)
44 熊本県(→p80)
ヒバリ
関東地方
12 千葉県(→p39)
ホオジロ
13 東京都(→p40)
ユリカモメ
14 神奈川県(→p42)
カモメ
15 新潟県(→p44)
トキ
16 富山県(→p46)
17 長野県(→p52)
18 岐阜県(→p53)
ライチョウ
19 石川県(→p48)
イヌワシ
20 福井県(→p50)
ツグミ
21 静岡県(→p54)
サンコウチョウ
22 山梨県(→p510)
40 福岡県(→p76)
ウグイス
23 愛知県(→p550)
コノハズク
24 三重県(→p56)
シロチドリ
25 滋賀県(→p570)
カイツブリ
26 京都府(→p58)
オオミズナギドリ

シンボルの鳥からわかること

日本のすべての都道府県では、シンボルの鳥が決められています。これは1963年の狩猟法改正に際し、農林省の林野庁が鳥獣保護の意識を高めるために各都道府県に呼びかけたことで実現しました。県内の鳥にくわしい専門家の意見を参考にしたり、公募で県民に投票をつのったりと、各自治体はそれぞれの方法でシンボル鳥を決めていきました。その選定理由は、姿がよく見られ県民に長年親しまれているから、というシンプルなものから、希少な固有種であるため周知を進めて保護につなげるというもの、その鳥と県との歴史的な関わりに着目したり、生態や習性から道徳的価値を見いだしたりと、さまざまでした。

なお、この県鳥選定への流れは、戦後まもないころ、日本が占領下にあった1947（昭和22）年までさかのぼります。きっかけは、アメリカの鳥類学者オリバー・オースチン博士がGHQ（連合軍総司令部）に設置された天然資源局野生生物課の課長に就任したことでした。日本の野鳥の生息状況を調査した博士は、日本政府に鳥類保護強化を申し入れました。それを受け、農林省では狩猟法の改正、文部省（現文部科学省）では愛鳥思想の普及教育を進めることになります。そして冒頭のように、狩猟法の改正を機に、野鳥保護の精神を育む観点から県の鳥が決められることになったのです。

「にっぽんの県鳥」各ページの見方

A

B

北海道ならではのシンボル鳥たち

大人気のシマエナガ、シマフクロウ（名前の「シマ」は北海道を指す言葉）ほか、北海道だからこそ出会える鳥は少なくありません。市町村のシンボルになっている鳥では、新得町、足寄町のエゾライチョウ、釧路町のエゾフクロウが道内にのみ分布する種です。ほかにもアイヌ語で"美しいくちばし"という意味の名をもつエトピリカは、日本では霧多布半島の岬でだけ見られる浜中町のシンボル鳥。近年繁殖はありませんが、熱心に保護活動が行われています。

19

C

column

「ハクチョウ」と呼ばれる鳥たち

「ハクチョウ」は世界に7種いるカモ科の水鳥の総称です。そのうち日本で主に見られるのは、冬鳥として飛来するオオハクチョウとコハクチョウ。違いは名前のとおり大きさで、オオハクチョウは全長140cm、翼開長250cmで、コハクチョウは全長120cm、翼開長190cm。前者はくちばしの黒色が黄色部分より小さく、後者は黄色部分が小さい傾向があります。なお、東京・千代田区の鳥はコブハクチョウですが、これは皇居のお濠で放鳥飼育されていた個体が長年親しまれてきたことから選ばれました。

青森と島根の県鳥になっているハクチョウは、全国30以上の市区町村の鳥でもあります。

21

A 都道府県番号順に各都道府県のシンボル鳥を紹介するページ。一部市区町村の鳥にふれることも。鳥の名前は都道府県発表のものですが、その表記が漢字やひらがなの場合はカタカナに統一。ハクチョウ、ガンなど種名でない場合、鳥の写真とデータはその都道府県で見られる種からピックアップして紹介（例：青森県の鳥「白鳥」→「ハクチョウ」、写真とデータはオオハクチョウ）。地図上の赤い点は県庁所在地を示します。面積は2024年1月1日の国土交通省国土地理院「全国都道府県市区町村別面積調」によります。

B Aのページに続くコラム。前のページで紹介した都道府県やその市区町村のシンボル鳥にまつわる話題を取り上げたコラム。

C 複数の自治体のシンボル鳥にまつわる話題を取り上げたコラム。

面積 78,419.18㎢
道庁所在地 札幌市

北海道

1964年9月1日指定

タンチョウ［丹頂］

（ツル目ツル科）

学名 *Grus japonensis* 英名 Red-crowned Crane 全長 145cm

特別天然記念物、国内希少野生動植物種に指定されているタンチョウ。繁殖が盛んな鶴居村の村鳥でもあります。

面積は国内2位の岩手県の約5.5倍。段違いのスケールで四季折々の雄大な自然を体感できる北海道。道民の投票でそのシンボルの鳥に選ばれたのは、美しく優雅な姿で愛されるタンチョウでした。なお、道内の市町村で最も多くシンボルの鳥となっているのはカッコウで、札幌市など9の市と町で選ばれています。

主な生息地である釧路湿原はラムサール条約の登録湿地として保全が図られています。

北海道ならではのシンボル鳥たち

大人気のシマエナガ、シマフクロウ（名前の「シマ」は北海道を指す言葉）ほか、北海道だからこそ出会える鳥は少なくありません。市町村のシンボルになっている鳥では、新得町、足寄町のエゾライチョウ、釧路町のエゾフクロウが道内にのみ分布する種です。ほかにもアイヌ語で“美しいくちばし”という意味の名をもつエトピリカは、日本では霧多布半島の岬でだけ見られる浜中町のシンボル鳥。近年繁殖はありませんが、熱心に保護活動が行われています。

青森県

1964年7月7日指定

ハクチョウ［白鳥］

（カモ目カモ科）

オオハクチョウ 学名 *Cygnus cygnus* 英名 Whooper Swan 全長 140cm

オオハクチョウ

飛来する種はオオハクチョウが主で、それに混じって南下途中のコハクチョウが短期間訪れます。

10月下旬ごろ、夏泊半島の小湊の浅所海岸に、ロシア極東、東シベリア方面から飛来するハクチョウ。冬の風物詩でもあるこの鳥は、渡来地とともに国の特別天然記念物(→p22)にも指定されています。また、五所川原市と佐井村の鳥は、魚食を好むタカとして知られるミサゴ。佐井村では繁殖も多く見られます。

八戸市の鳥はウミネコ。市最東部の種差海岸は天然記念物「蕪島ウミネコ繁殖地」です。

column
コラム

「ハクチョウ」と呼ばれる鳥たち

「ハクチョウ」は世界に7種いるカモ科の水鳥の総称です。そのうち日本で主に見られるのは、冬鳥として飛来するオオハクチョウとコハクチョウ。違いは名前のとおり大きさで、オオハクチョウは全長140cm、翼開長250cmで、コハクチョウは全長120cm、翼開長190cm。前者はくちばしの黒色が黄色部分より小さく、後者は黄色部分が小さい傾向があります。なお、東京・千代田区の鳥はコブハクチョウですが、これは皇居のお濠で放鳥飼育されていた個体が長年親しまれてきたことから選ばれました。

青森と島根の県鳥になっているハクチョウは、全国30以上の市区町村の鳥でもあります。

column
コラム

県鳥には希少種が多い？

日本では文化財保護法により、国にとって学術的価値の高い動物、植物、地質・鉱物、天然保護区域が「天然記念物」に指定されています。なかでも重要なものが「特別天然記念物」です。また、1993（平成5）年4月には「絶滅のおそれのある野生動植物の種の保存に関する法律」（種の保存法）が施行されました。都道府県や市町村のシンボル鳥には、その保護・保全の重要性を広く知らせる意味もあり、希少な種が選ばれる場合が少なくありません。ここでは特別天然記念物の鳥とその天然保護区域、種の保存法で国内希少野生動植物種に指定された鳥を紹介します。どんな鳥たちなのか、チェックしてみてください。

■特別天然記念物〈鳥類関連〉

トキ、コウノトリ、タンチョウ、アホウドリ、カンムリワシ、ライチョウ、ノグチゲラ、メグロ、土佐のオナガドリ、小湊のハクチョウおよびその渡来地：青森県、八代のツルおよびその渡来地：山口県、鹿児島県のツルおよびその渡来地：鹿児島県

※種名のみのものは「地域を定めず特別天然記念物に指定された鳥」です。

■国内希少野生動植物種〈鳥類（45種）〉

シジュウカラガン、エトピリカ、ウミガラス、アマミヤマシギ、カラフトアオアシシギ、コウノトリ、トキ、キンバト、アカガシラカラスバト、ヨナグニカラスバト、イヌワシ、オガサワラノスリ、オジロワシ、オオワシ、クマタカ、カンムリワシ、ハヤブサ、ライチョウ、タンチョウ、ヤンバルクイナ、オガサワラカワラヒワ、ハハジマメグロ、オオセッカ、アカヒゲ、ホントウアカヒゲ、オオトラツグミ、ヤイロチョウ、チシマウガラス、オーストンオオアカゲラ、ミユビゲラ、ノグチゲラ、アホウドリ、シマフクロウ（以上、平成5年4月指定）、ワシミミズク（平成9年12月指定）、ヘラシギ、チュウヒ、シマアオジ（以上、平成29年9月指定）、クロコシジロウミツバメ、オガサワラヒメミズナギドリ（以上、平成31年2月指定）、クロツラヘラサギ、シマクイナ、アカコッコ、オオヨシゴイ、セグロミズナギドリ（以上、令和2年2月指定）、アカモズ（令和3年1月指定）

03

岩手県

キジ［雉］

（キジ目キジ科）

1964年5月10日指定

面積 1万5,275.04㎢
県庁所在地 盛岡市

学名 *Phasianus versicolor* 英名 Green Pheasant 全長 オス80cm、メス60cm

生息数や「気品にあふれ、勇壮で愛情こまやかな習性は県民性を表している」ことなどが選考理由に。

岩手の県鳥は、日本の国鳥でもあるキジ。公募で選ばれた当時は県の全域に生息する最も身近な鳥の一種でした。県内では二戸市、奥州市、岩手町の鳥にもなっています。そのキジ以上にシンボル鳥として人気だったのが、同じくキジ科で生態も似ているヤマドリ。遠野市など11の市町村の鳥に指定されています。

キジもヤマドリも、迷彩色で地味な外見のメスに対し、オスは美しい羽色、長い尾羽が特徴です。

04

面積 7,282.29㎢

県庁所在地 仙台市

宮城県

1965年7月30日指定

ガン［雁］

（カモ目カモ科）

学名 *Anser albifrons* 英名 Greater White-fronted Goose 全長 72cm

日の出とともに蕪栗沼から飛び立つマガンの群れ。マガンは蕪栗沼のある大崎市の鳥でもあります。

宮城県の鳥は、渡り鳥のガン。夏にシベリアなどで繁殖し、秋に越冬のために日本を訪れます。ラムサール条約にも登録されているハクチョウやガン、カモ類の一大越冬地といわれる伊豆沼・内沼には、渡来するマガンの70%が集まるといわれています。ほかには、キジが仙台市泉区など6つの自治体の鳥となっています。

マガン、ヒシクイとコクガンの3種は、いずれも国の天然記念物に指定されています。

column
コラム

「ガン」と呼ばれる鳥たち

ガンは、カモ科の水鳥のうち、カモより大きく首が長めで、ハクチョウよりは小さい一群の総称。ほぼ草食で、カモとは反対に主に昼間活動し、オスの羽色は一年を通して変わらず、オスとメスは同色です。一生をほぼ同じペアで過ごします。かつて日本中に飛来していたガンは狩猟鳥で絶滅寸前まで減少しました。保護活動が実り渡りの途絶えたシジュウカラガンとハクガンも復活しています。

マガンの「雁行」。V字隊列で上昇気流を利用することで省エネ飛行ができます。

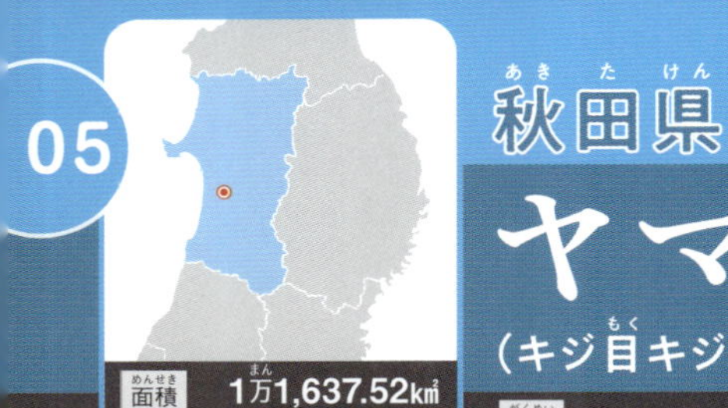

秋田県

1964年指定

ヤマドリ［山鳥］

（キジ目キジ科）

学名 *Syrmaticus soemmerringii* 英名 Copper Pheasant 全長 オス125cm、メス55cm

古くから県内に広く分布し、親しまれている赤銅色に輝くヤマドリは、猟師にも人気の狩猟鳥です。

秋田県の鳥は、キジ科のヤマドリ。湯沢市など県内の4つの自治体の鳥でもあります。また、平安末期の「後三年の役」の古戦場である美郷町の鳥は「雁」で、これは源義家の「雁行の乱れ」伝説の舞台となった町の歴史に興味をもち、大切にする気持ちを育むという意味もあるのだとか。

クマゲラは北秋田市と藤里町の鳥。男鹿市の鳥は男鹿中地区の繁殖地が天然記念物になっているアオサギ。

クマゲラ

アオサギ

鹿角市の鳥「声良鶏」ってどんな鳥？

秋田県の北東に位置する鹿角市の鳥は、この地が原産といわれ、現在は主に秋田、岩手、青森の各県で飼育されている声良鶏という日本鶏です。日本鶏は西欧からの外来種の交配を受けずに日本で生み出されたニワトリの品種の総称で、観賞用の愛玩鶏も少なくありません。古くからの地鶏に軍鶏などを交配してつくられたといわれる声良鶏は、その名のとおり長く野太い荘厳な鳴き声と姿で愛されてきました。いずれも国の天然記念物に指定されている高知の東天紅鶏、新潟の蜀鶏（唐丸鶏）とともに「日本三長鳴鶏」のひとつに数えられています。

朗々とした声良鶏の歌声を躍進する鹿角市のイメージに重ね、1982年に「市の鳥」に選定されました。

■国の天然記念物になっている日本鶏（年は指定年）

土佐のオナガドリ［尾長鶏］（→p75）大正12年に天然記念物（昭和27年に特別天然記念物）、**東天紅鶏**（昭和11年）、**鶉矮鶏**、**蓑曳矮鶏**、**声良鶏**（以上、昭和12年）、**蜀鶏**（昭和14年）、**蓑曳鶏**（昭和15年）、**地鶏**、**軍鶏**、**矮鶏**、**小国鶏**（昭和16年）、**烏骨鶏**、**比内鶏**（以上、昭和17年）、**河内奴鶏・薩摩鶏・地頭鶏**（以上、昭和18年）、**黒柏鶏**（昭和26年）

06

山形県

1982年3月31日指定

オシドリ［鴛鴦］

（カモ目カモ科）

学名 *Aix galericulata* 英名 Mandarin Duck 全長 45cm

あまり鳥を知らなくても、繁殖期の羽色のオス（写真左）を見れば多くの人がオシドリだとわかります。

気候や植物、景観、農産物などから四季の移り変わりがはっきり味わえる山形県。そのシンボル鳥は県内の渓谷や渓流に生息するオシドリです。また、酒田市の鳥はイヌワシで、鳥海山南麓にはイヌワシをはじめ希少な猛きん類の調査研究、保護推進などを行う猛禽類保護センター（鳥海イヌワシみらい館）が設置されています。

イヌワシ

生態系の頂点に立つ空の王様、イヌワシが見せる求愛のディスプレイ。写真上がオスで、下がメス。

column
コラム

県の鳥に最も指定されている鳥>>> その1 オシドリ

漂鳥・冬鳥としてほぼ全国で見られ、山形、鳥取、長崎の3県で県の鳥となっているオシドリ。これはキジと同数一位です。

オシドリの人気の理由としては、日本一カラフルな水鳥といわれる繁殖期のオスの美しさ。そしてオスとは対照的に地味な外見のメスが一緒にいる姿が、中国の故事「鴛鴦の契り」に由来する仲むつまじい夫婦のことを指す「おしどり夫婦」という言葉のイメージにぴったりだからのようです。しかし実際には、他のカモたちと同じく、オシドリがペアで行動するのは、メスが卵を生むまでの期間限定。抱卵や子育てはメスだけが行います。そして次の冬にはそれぞれまた別の相手とペアになるのです。

シンボル鳥に選ばれる条件としては、まずその地域に生息していること、そして保護対象の希少種であったり歴史文化的に親しまれてきたりといった背景などがありますが、イメージもとても重要です。ハトがその代表的存在で、「平和を象徴する鳥」として長崎市など全国5市町村の鳥に選ばれています。

オシドリ
ハト（ドバト）

07

福島県

1965年5月10日指定

キビタキ［黄鶲］

（スズメ目ヒタキ科）

面積 1万3,784.39㎢
県庁所在地 福島市

学名 *Ficedula narcissina* 英名 Narcissus Flycatcher 全長 14cm

毎年4月中旬ごろに渡来し、子育てをする黄色い美しい小鳥。森林の害虫を食べ、緑の山を守ります。

東側に阿武隈山地、中央に猪苗代湖のある奥羽山脈、西側に越後山脈が南北にそれぞれ走り、県内の8割ほどが山地と丘陵地である福島県。そのシンボル鳥に選ばれたのは、夏鳥として渡来するキビタキでした。県内の市町村の鳥には、ウグイスが18市町村、キジが9町村、カッコウが6市町村で選ばれています。

ウグイスもカッコウも姿は見えなくてもさえずりでそこにいるのがわかる鳥の代表です。

column
コラム

「ヤマバト」ってどんなハト？

福島県の矢祭町、玉川村、平田村、宮城県の七ヶ宿町、東京都多摩市の自治体の鳥として選ばれている「ヤマバト（山鳩）」。これは種名としてはキジバトで、現在は都市部の住宅地や公園でも見られるハトですが、かつてはその漢字表記のとおり郊外の「山にいるハト」でした。NHK『みんなのうた』の「山鳩ワルツ」という歌は作詞作曲担当の横山剣さんが子どもだった1960年代の記憶をもとにつくられたもので、「親戚の叔父さんとクルマで訪れた山の湖畔の静かな杜」で初めて耳にした鳥の声に「心がひどく揺さぶられた」体験が歌われています。

なお、日本で見られるハトはドバト（原種名はカワラバト）とキジバトが中心で、ほかにはカラスバト（→p41）、キンバト、アオバト、ベニバト、シラコバト（→p37）も生息しています。北海道小樽市、神奈川県大磯町、宮崎県小林市と木城町の鳥に選ばれているアオバトは、主に山地の林に生息していますが、繁殖期から晩秋ごろまで海岸で海水を飲むという珍しい習性があります。これは主にナトリウム摂取のためといわれており、大磯町の照ヶ崎海岸は国内最大級のアオバト飛来地として知られています。

キジバト

アオバト

茨城県

1965年11月3日指定

ヒバリ［雲雀］

（スズメ目ヒバリ科）

オスとメスは同色で、頭の冠羽をよく立てるのがオスです。

茨城県の鳥は公募で最も支持を集めたヒバリ。県内のほぼ全域で見られる小麦畑の風景などにも調和する、親しみ深い鳥であることが人気の理由でした。石岡市など2市3町の鳥でもあります。また、全国の自治体で唯一、コジュケイがシンボル鳥になっているのが守谷市。朝夕、ひなを連れて集う姿から、子孫繁栄や市の発展を願って選ばれました。

守谷市誕生20周年を記念し、コジュケイをモチーフにしたイメージキャラクター「こじゅまる」も誕生しています。

日立市の鳥、ウミウと伝統文化

茨城県の北東部、太平洋にのぞむ日立市の鳥は、ウミウ。重要無形民俗文化財に指定されている「長良川の鵜飼漁の技術」を支えるのはこのウミウです。ちなみに日本の鵜飼についての最古の記録は中国で7世紀初めに編まれた史書『隋書』で、その東夷伝倭国条に倭（日本）の風俗として記され、16世紀の初めにはオランダ人によってヨーロッパに紹介されています。日立市はそんな伝統ある鵜飼で活躍する野生のウミウの全国で唯一の捕獲・供給地です。捕獲は十王町の伊師浜海岸の断崖絶壁、高さ約15mのところに設けられた丸太とコモで作られた「鳥屋」と呼ばれる小屋で行われ、捕獲したウミウは、現在、全国にある12の鵜飼地のうち、長良川をはじめとする11カ所の鵜匠家に届けられます。捕獲場は7月～9月、1月～3月に一般公開もされています。

09

面積 6,408.09㎢
県庁所在地 宇都宮市

栃木県

1964年1月17日告示

オオルリ［大瑠璃］

（スズメ目ヒタキ科）

学名 *Cyanoptila cyanomelana* 英名 Blue-and-White Flycatcher 全長 17cm

さえずりに加えて光沢のある瑠璃色の羽色も美しいオオルリのオス。メスは淡い褐色の地味な色合いです。

栃木県の鳥は、南方から5月ごろ夏鳥として渡来するオオルリ。ウグイス、コマドリと並んで日本三鳴鳥に数えられ、日光、塩原、那須などの渓谷に10月初旬まで生息します。また、野木町の鳥は、町政50周年を記念して公募により選定されたフクロウ。毎年、神社の杜や平地林の高木などに営巣する“招福の鳥”です。

全国名水百選「尚仁沢湧水」でも知られる塩谷町の鳥は、山里の清流にすむヤマセミ。

那須烏山市の鳥はなぜ「カラス」？

栃木県の東部に位置する那須烏山市は、カラスをシンボル鳥としている国内で唯一の自治体。選定の理由としては、市名や地名の由来であり、当時から残る石垣などが国史跡にも認定された烏山城にまつわる伝承などがあげられています。その伝承というのは、この地に城が築かれた室町時代のこと。カラスが飛んできて山の頂に金の御幣を落としたため、その山を選んで築城し、烏山城と名付けたというもの。当時は熊野信仰が広まっていたことから、カラスは熊野の神様の使い「八咫烏」だったと考えられました。烏山城築城600年を迎えた2018年には、市内の熊野神社の境内に和歌山県の熊野本宮大社から分霊を受けて八咫烏神社が建立されています。日本サッカー協会のシンボルにもなっていますが、太陽の象徴、勝利に導く神の使いとされる三足烏。神社には必勝を祈願する人たちが数多く訪れています。

市役所にある像をはじめ、那須烏山市ではあちこちで八咫烏と出会えます。もちろんリアルカラスも！

10

面積 6,362.28㎢
県庁所在地 前橋市

群馬県

1963年4月指定

ヤマドリ［山鳥］

（キジ目キジ科）

学名 *Syrmaticus soemmerringii* 英名 Copper Pheasant 全長 オス125cm、メス55cm

オス

母衣打ちをするオス。キジより大きく尾羽がきわめて長い鳥です。キジと同じくメスは地味な保護色。

メス

「鶴舞う形」といわれる群馬県の鳥は、日本にのみ生息するヤマドリ。本州・四国・九州に分布していますが、群馬県では特に広範囲で見られる鳥でした。ちなみにツルのなかまは迷鳥がまれに訪れるようです。県内のシンボル鳥で多いのは、6市町村で選ばれているウグイス。唯一の水鳥は、館林市の鳥カルガモです。

渡良瀬川と利根川にはさまれ、城沼、多々良沼など多くの池沼が点在する館林市の鳥です。

11

面積 3,797.75㎢
県庁所在地 さいたま市

埼玉県

1965年11月3日指定

シラコバト［白子鳩］

（ハト目ハト科）

学名 *Streptopelia decaocto* 英名 Eurasian Collared Dove 全長 32cm

キジバトよりやや小型で尾羽が長く、ほっそりしていて、首にネックカラー状の黒色の横線があるのが特徴です。

埼玉県の鳥は主に県東部を中心に生息しているシラコバト。シラバト、ノバトとも呼ばれ、国の天然記念物にも指定されています。もともとは江戸時代に人為的にもちこまれた鳥で、関東平野に定着しました。越谷市の鳥でもあります。県内のシンボル鳥はヒバリとカワセミが多く、それぞれ6の自治体で選ばれています。

さいたま市見沼区、戸田市などのシンボル鳥。一部の自治体のキャラクターにもなってます。

column
コラム

シンボル鳥の広報キャラ大集合！ 前編

自治体のさまざまなイベントで大活躍するキャラクターには各自治体のシンボル鳥をモチーフにしたものが数多くあります。なかには福島県矢吹町のように、宮内庁の御猟場としてキジ猟が行われたという町の歴史を踏まえつつ、もともと自主的に町の広報を買って出ていたキジをモチーフにしたゆるキャラ(「やぶきじくん」所属：矢吹町商業振興公社）の人気に後押しされるかたちで町の鳥をキジにしたという自治体も。自分の地元にもシンボル鳥と関係のあるキャラがいないか、調べてみよう！

「コバトン（右）」「さいたまっち（左）」（埼玉県）
県民の鳥シラコバトがモチーフ。
「いるティー（中）」（埼玉県入間市）
市の鳥ヒバリがモチーフ。

福島県復興シンボルキャラクター「キビタン」（福島県）
県の鳥キビタキがモチーフ。幸福の黄色い鳥キビタンは、頭のアンテナで福島の「魅力」と「今」を発信！

「かいちゃん（中右）」「つぶちゃん（中左）」（埼玉県三郷市）
市の鳥カイツブリがモチーフ。

「フックン船長」（茨城県つくば市）
市の鳥フクロウがモチーフ。市の特徴「自然（フクロウ）」と「科学（ロボット・宇宙飛行士）」を組み合わせた、「宇宙飛行士型ふくろうロボット」です。

上のイラスト2点は埼玉150周年を記念した「コバトン」「さいたまっち」と県内市町村のキャラとのコラボバージョン！　このほかにも埼玉県内のシンボル鳥キャラには、鴻巣市の鳥コウノトリのひながモチーフの「ひなちゃん」、鳩山町の鳥ハトがモチーフの「はーとん」などがいます。

後編につづく →p79

12

千葉県

1965年5月10日指定

ホオジロ［頬白］

（スズメ目ホオジロ科）

面積 5,156.48㎢

県庁所在地 千葉市

学名 *Emberiza cioides* 英名 Meadow Bunting 全長 17cm

「一筆啓上仕り候」「サッポロラーメンミソラーメン」の聞きなし（鳥の鳴き声を人間の言葉に置きかえた表現）でも知られているさえずりが特徴的な小鳥。

千葉県の鳥は里山を代表する鳥でもあるホオジロ。5月ごろから聞こえてくるさえずりなどで県民に最も親しまれている鳥として選ばれました。また、我孫子市鳥の博物館や山階鳥類研究所など鳥に関する施設のある我孫子市の鳥は、オオバン。ランドマークである手賀沼で通年見られ、最も数が多いことがその理由です。

東庄町の鳥は、ホオジロのなかまのコジュリン。利根川のアシ原にすむ珍しい小鳥です。

13

面積 2,199.94km²

都庁所在地 東京（新宿区）

東京都

1965年10月1日指定

ユリカモメ ［百合鷗］

（チドリ目カモメ科）

学名 *Chroicocephalus ridibundus* 英名 Black-headed Gull 全長 40cm

夏羽

冬羽

臨海副都心エリアを走る鉄道「ゆりかもめ」の名称ももちろんこの鳥から。品川区の鳥でもあります。

東京都の鳥は、10月下旬ごろから東京湾、荒川、隅田川、多摩川などで群れで見られる冬鳥のユリカモメ。市区町村の鳥には、カワセミが港区など5つの自治体、ついでウグイス（目黒区など）が4つ、オナガ（世田谷区など）、シジュウカラ（目黒区など）、メジロ（調布市など）がそれぞれ3つの自治体で選ばれています。

オナガ

シジュウカラ

人気上位のシンボル鳥はいずれも、姿や声を見聞きすると気分がアガる身近な鳥たち。

東京の島で会えるシンボル鳥たち

東京都にしかいない固有種といわれると首をひねる人が多いかもしれませんが、それらの鳥がいるのは東京都島しょ地域。つまり、伊豆諸島の大島・利島・新島・式根島・神津島・三宅島・御蔵島・八丈島・青ヶ島の9島と小笠原諸島の父島・母島の2島、計11島の「東京の島」のこと、と聞けば納得でしょう。そんな島の自治体のシンボル鳥は、まず新島村の鳥がシチトウメジロ、神津島村の鳥が「いそっつく」と呼ばれているイソヒヨドリ、三宅村と八丈町の鳥がアカコッコ、青ヶ島村の鳥が「クロバト」と呼ばれているカラスバト、御蔵島村の鳥がオオミズナギドリ、小笠原村の鳥がハハジマメグロなど。特に写真の鳥たちは、希少な日本固有種や亜種となっています。

14

面積 2,416.33㎢
県庁所在地 横浜市

神奈川県

1965年5月制定

カモメ［鴎］

（チドリ目カモメ科）

ウミネコ 学名 *Larus crassirostris* 英名 Black-tailed Gull 全長 46cm

ウミネコ

海岸がにぎわう時期に見られるのはカモメのなかまのウミネコ。冬鳥のカモメはそのころ日本にはいません。

人口は東京都につぐ全国第2位、横浜、鎌倉、箱根など観光名所も豊富な神奈川県。そのシンボル鳥は、多くの映画やドラマの舞台となり、ヒットソングにも歌われた湘南のイメージにぴったりなカモメです。一方、城下町や宿場町として栄えた県西部の中心都市、海と山に近い小田原市の鳥はコアジサシとなっています。

コアジサシ

アカゲラ

箱根駅伝でもおなじみ、小田原市に隣接する世界的観光地、箱根町の鳥は、キツツキです。

column
コラム

「カモメ」と呼ばれる鳥たち

カモメのなかまは世界中に広く分布しており、確認されているだけでも50種以上。日本では25種が記録されていますが、そのうちよく見られるのは、大型（60cm前後）のセグロカモメとオオセグロカモメ、ワシカモメ、シロカモメ、中型（45cm前後）のウミネコとカモメ、小型（40cm前後）のユリカモメ、ミツユビカモメの8種です。神奈川県の鳥はカモメですが、夏の間に見られるのはほとんどが通年日本にいる留鳥のウミネコ。両者は大きさは似ていますが、くちばしや足、尾羽の色などが違い、ウミネコはその名のとおり猫に似た鳴き声が特徴です。

新潟県

1965年9月13日指定

トキ［朱鷺］

（ペリカン目トキ科）

学名 *Nipponia nippon* 英名 Crested ibis 全長 75cm

「*Nipponia nippon*」の学名でも知られる、オレンジがかった淡いピンク色の朱鷺色の羽が美しいトキ

多様な自然環境に恵まれた新潟県の鳥は、国の特別天然記念物でもあるトキ。2003年に絶滅しましたが、人工繁殖に成功。その後は佐渡島で飼育繁殖と放鳥が続けられています。また、県の北端に位置する村上市の鳥は、「森の王者」ともいわれるクマタカ。市内では人里に近い広葉樹林でも見られるそうです。

クマタカ

ツバメ

燕市は酉年の2017年、さらなる飛躍を遂げられるよう願いを込め、ツバメを市の鳥に。

三条市の鳥「芝地鶏」ってどんな鳥？

新潟県のほぼ中央部に位置する三条市の鳥は、地元原産の日本鶏の一種、芝地鶏です。古くから栄地域を中心に時報の役割や採卵を目的として飼育され、かつては多くの農家の庭先で見ることができました。新潟には江戸時代に北前船で山陰地方から入ってきた可能性が高いとみられており、改良を重ねて明治時代に現在の姿になったといわれています。日本に渡来した最古の鶏の流れをくみ、その体型をとどめている学術上極めて貴重な品種であるということで、市の天然記念物にも指定されています。しかし鳥インフルエンザの流行、生活様式の変化、飼育者の高齢化などにより、その数は減少。優良芝地鶏の保存と繁殖を目的として毎年等級審査会が開催されています。芝地鶏は地元では芝鶏と書いてシバットリとも呼ばれています。

MEMO

天然記念物は食べられない？

天然記念物を食べることは文化財保護法違反になるため、指定されると食用にはできません。そこで気になるのが、名古屋コーチンとともに「日本三大地鶏（日本三大美味鶏）」とされる比内地鶏、薩摩地鶏と、天然記念物の比内鶏、薩摩鶏との関係ですが、比内地鶏、薩摩地鶏はそれぞれ比内鶏、薩摩鶏のオスと異品種のメスをより食用に適するよう掛け合わせて生み出された別品種。安心して味わってください。

16

面積 4,247.54㎢
県庁所在地 富山市

富山県

1961年11月3日制定

ライチョウ［雷鳥］

（キジ目キジ科）

学名 *Lagopus muta*　英名 Rock Ptarmigan　全長 37cm

まだ雪深い4月、周囲を見張るオス。目の上の赤い肉冠はオスの特徴で、繁殖期や興奮時には大きくなります。

オス

富山県の鳥は、日本アルプスを中心とした高山地帯のみに生息する“氷河時代の生き残り”といわれるライチョウ。長年絶滅が危惧されてきた希少種で、特別天然記念物にも指定されています。県内では食べものやすみかとなる高山植物を含む環境保全、登山マナーの周知など、熱心な保護活動が続けられています。

なわばりをもったオスは、メスに対して羽を広げてアピールするディスプレイを行います。

県の鳥に最も指定されている鳥>>> その2 ライチョウ

富山、長野、岐阜の3県のシンボル鳥になっているライチョウは、飛ぶより地上を歩くほうが得意なキジのなかまです。主に地上ですごすためか夏羽→秋羽→冬羽と年に3回換羽があり、羽が抜けるたびにその季節に合う保護色になります。4月ごろ、ペアになったオスとメスは、ハイマツの中に巣づくり。メスはそこで6月中旬ごろから卵を産んで温め、7月上旬から中旬にかけてひなが誕生します。せっせとえさを食べて成長したひなの羽は、8月ごろ親鳥とほぼ同じ色になります（→p52）。

ライチョウはふ化後すぐに歩くことができる早成性で、生まれたばかりのひなも母鳥とえさ探しをします。

17

面積 4,186.2㎢
県庁所在地 金沢市

石川県

1965年1月1日指定

イヌワシ［狗鷲］

（タカ目タカ科）

学名 *Aquila chrysaetos* 英名 Golden Eagle 全長 オス81cm、メス89cm

翼を広げると2mにもなるイヌワシ。日本野鳥の会石川支部の強い推薦を受け、県の鳥に。

日本野鳥の会を創設、「野鳥」という言葉を広めた中西悟堂の出生地でもある石川県の鳥は、県内では白山を中心に生息する日本最大級の猛きん類イヌワシ。雄々しい姿と勇猛果敢なイメージが県の躍進を象徴するということで選ばれました。また、内灘町では全国で唯一、チュウヒがシンボル鳥に選ばれています。

主に県中部の河北潟周辺に生息し湿原生態系の頂点に立つ、トビよりも小さめの細身のタカ。

9市町にトキ放鳥のモデル地区

能登半島北部に位置する輪島市の鳥は、トキ。野生のトキの本州最後の生息地でもあり、自然豊かな輪島市のシンボルにふさわしいということで選ばれました。この野生のトキは2008年に佐渡島で放鳥された2005年生まれのメスで、2016年9月11日に輪島市の田んぼで最後に確認されるまで能登で長くくらしました。それ以降、野生のトキの生息は佐渡島のみでしたが、過密化という課題があり、環境省は2021年、他地域での定着を目標に本州での放鳥の方針を決定。そこで石川県は9市町にトキ放鳥のモデル地区を設定し、生息環境を整える試みがスタートしました。現在はトキとともに地域再生を果たした佐渡島の例を踏まえつつ、トキを能登地震などの震災からの復興の象徴にすべくあゆみが続けられています。

新潟市西蒲区、富山平野などにも滞在しながら、能登の田んぼでは美すずの愛称で親しまれたメスのトキ。ちなみに背中が盛り上がって見えるのはGPSです。

18

面積 4,190.54㎢

県庁所在地 福井市

福井県

1967年12月指定

ツグミ ［鶫］

（スズメ目ツグミ科）

学名 *Turdus eunomus*　英名 Dusky Thrush　全長 24cm

厳しい冬を県民とともにすごす鳥として人気投票で支持を得たツグミ。全国の自治体で唯一のシンボル鳥です。

鳥と縁の深い恐竜の県として有名な福井県のシンボル鳥は、冬鳥の代表ツグミ。じつはその前の県の鳥は当時県内に生息していた野生絶滅前のコウノトリだったのですが、姿を消して戻らなかったため後任が選ばれたのです。現在は野生復帰したコウノトリが越前市を中心に生息、繁殖もしています。

かつて県内で盛んだったかすみ網猟の禁止とツグミの保護を訴える意味もありました。

19

山梨県

面積 4,465.27km²
県庁所在地 甲府市

1964年6月指定

ウグイス［鶯］

（スズメ目ウグイス科）

学名 *Horornis diphone* 英名 Japanese Bush Warbler 全長 オス16cm、メス14cm

「ホーホケキョ」というオスのさえずりはあまりにも有名。しかしやぶを好むため、姿はあまり知られていません。

山梨県の鳥は、春を告げる鳥として昔から人々に親しまれてきたウグイス。その声と他の鳥のひなを育てる行動が「明朗と慈愛」の象徴とされました。都留市、上野原市、甲州市の鳥でもあります。小菅村は、全国で唯一ミソサザイがシンボル鳥の村。全長10cmと国内最小級ながら豊かな声量が特徴です。

丹波山村の鳥はコマドリ。笛吹市の鳥オオルリ、県鳥のウグイスと、日本三鳴鳥がそろいました。

長野県

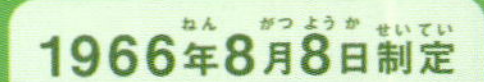

ライチョウ［雷鳥］

（キジ目キジ科）

学名 *Lagopus muta* 英名 Rock Ptarmigan 全長 37cm

この姿を今後も守るため、2000年には大町市で保護対策、環境保全を検討する「ライチョウ会議」が発足。

長野県の鳥は、県内では南北アルプス、御嶽山の2400m以上のハイマツのある岩石地帯に生息するライチョウ。伊那市と大町市の鳥でもあります。国内有数の保養地として有名な軽井沢町は、全国で唯一アカハラをシンボル鳥に。5月から8月、カッコウやホトトギスと別荘地に澄んだ声を響かせる、ツグミのなかまです。

アカハラ

ブッポウソウ

天龍村と栄村の鳥はブッポウソウ。美しい羽色に対し、声はドナルドダック似ともいわれます。

21

面積　1万621.29㎢
県庁所在地　岐阜市

岐阜県

1965年5月11日指定

ライチョウ［雷鳥］

（キジ目キジ科）

学名 *Lagopus muta*　英名 Rock Ptarmigan　全長 37cm

メス　オス

秋羽で石に同化。秋の高山でくり広げられるライチョウたちの見事なカムフラージュ。

岐阜県の鳥も、北アルプスや御嶽山に生息するライチョウです。褐色の夏羽、岩場に同化する秋羽、そして純白の冬羽と、季節ごとの姿を見せてくれます。しかし近年の地球温暖化の進行は、その生息環境を大いにおびやかします。学術研究にもとづく保護対策、環境保全の検討と実行が今後もさらに求められます。

夏羽のオス。寒冷地にすむライチョウの足には羽毛がしっかり生えています。

22

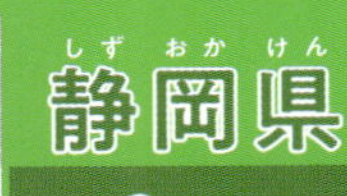

静岡県

1964年10月2日制定

サンコウチョウ［三光鳥］

（スズメ目カササギヒタキ科）

面積 7,777.07㎢
県庁所在地 静岡市

学名 *Terpsiphone atrocaudata* 英名 Black Paradise Flycatcher 全長 オス45cm、メス18cm

オス

メス

30cmほどもあるオスの尾羽と、美しいコバルトブルーのアイリングとくちばしがチャームポイント。

静岡県の鳥は、公募で5種の中から選ばれたサンコウチョウ。4月下旬ごろ南方から渡来し、富士山麓などで子育てをする夏鳥です。和名は印象的な鳴き声に由来します。一方、県最東部に位置する伊東市は、市制施行50周年を記念してイソヒヨドリを市の鳥に。海岸線、市街地、伊豆高原などで通年会える留鳥です。

御殿場市の鳥はクロツグミ。こちらも初夏のころ富士山麓で朗らかに爽やかにさえずる夏鳥。

23

愛知県

1965年選定

コノハズク［木葉木菟］

（フクロウ目フクロウ科）

学名 *Otus sunia* 英名 Oriental Scops Owl 全長 20cm

県内では、東三河地方の山地で繁殖。羽色が灰褐色のもの（写真右）と、赤が濃い赤色型（左）がいます。

愛知県の鳥は、日本にいるフクロウでは最小サイズのコノハズク。かつてブッポウソウ（→p52）だと思われていた「ブッ・ポウ・ソウ（仏法僧）」と聞こえる特徴的な鳴き声の主がこのコノハズクだと判明したのは、新城市の鳳来寺山でした。また、河川や沼地の多い蟹江町の鳥は、ヨシ原で大声で鳴くヨシキリです。

河川が総面積の5分の1を占める蟹江町。ヨシ原なども多くヨシキリにはうってつけの環境。

24

面積 5,774.48㎢
県庁所在地 津市

三重県

1972年6月20日指定

シロチドリ［白千鳥］

（チドリ目チドリ科）

学名 *Anarhynchus alexandrinus* 英名 Kentish Plover 全長 17cm

ほぼ全国に分布する、スズメより少し大きい、姿が美しく鳴き声のかわいい鳥です。

三重県の鳥は、シロチドリ。県内では伊勢湾沿岸の砂浜のある海岸に多く生息しており、春夏はペアで、秋冬は群れで行動する姿が見られます。また、世界遺産の熊野古道の町として知られる紀北町の鳥は、国指定の天然記念物でもあるカンムリウミスズメ。熊野灘の沖、紀北町に属する無人の離島がその繁殖地となっていると考えられています。

ほかにも紀北町周辺には、オオミズナギドリやカラスバトなど、離島特有の鳥たちが生息。

25

面積 4,017.38㎢

県庁所在地 大津市

滋賀県

1965年7月指定

カイツブリ［鳰］

（カイツブリ目カイツブリ科）

学名 *Tachybaptus ruficollis* 英名 Little Grebe 全長 26cm

県民投票で県の鳥に選ばれたカイツブリ。古くから琵琶湖に生息し、愛らしい姿で人々に親しまれてきました。

日本最古で最大の湖、琵琶湖を抱く滋賀県の鳥は、カイツブリ。「鳰」の名で多くの歌にも詠まれており、歌語で琵琶湖のことを「鳰の海」といいます。そんな琵琶湖には、コハクチョウやオオヒシクイ、ユリカモメなどの冬鳥、ツバメやアマサギ、オオヨシキリなどの夏鳥と、カイツブリのほかにも多くの野鳥が飛来します。

しかし近年は生息場所やえさとなる小魚の減少により、数がかなり減ってきています。

26

面積 4,612.21㎢
府庁所在地 京都市

京都府

1965年5月10日制定

オオミズナギドリ［大水薙鳥］

（ミズナギドリ目ミズナギドリ科）

学名 *Calonectris leucomelas* 英名 Streaked Shearwater 全長 49cm

魚群の位置を教えてくれることから、地元の漁業関係者などからは「サバ鳥」とも呼ばれます。

京都府の鳥は、舞鶴市の北方約28kmに位置する冠島に生息するオオミズナギドリ。島には毎年2月下旬ごろ飛来し、繁殖して11月には渡去します。国の天然記念物に指定されている冠島は無許可での上陸はできませんが、日本で見られるミズナギドリでは最大種のこの鳥の様子は、陸からも観察できます。

巨椋池のあった久御山町の鳥は、田畑や湿地で美しい声で鳴くケリ。足の長いチドリのなかまです。

27

面積 1,905.34㎢

府庁所在地 大阪市

大阪府

1965年指定

モズ［百舌］

（スズメ目モズ科）

学名 *Lanius bucephalus* 英名 Bull-headed Shrike 全長 20cm

オス メス

クフ王のピラミッド、秦の始皇帝陵とともに世界三大墳墓とされる仁徳天皇陵の造営時の伝説に登場。スゴイ！

大阪府の鳥は、小さな猛きん類とも呼ばれるモズ。堺市にある仁徳天皇陵古墳にまつわる伝説ではその特徴を発揮して活躍、百舌鳥町の地名の由来ともなっていることからシンボル鳥に選ばれました。また、泉佐野市の鳥は、“幸せの青い鳥”ルリビタキ。泉佐野丘陵緑地などの山間部で会うことのできる人気の鳥です。

田尻町のシンボル鳥は全国でここだけのスズメ。
特別感の薄さが逆にオンリーワンに。

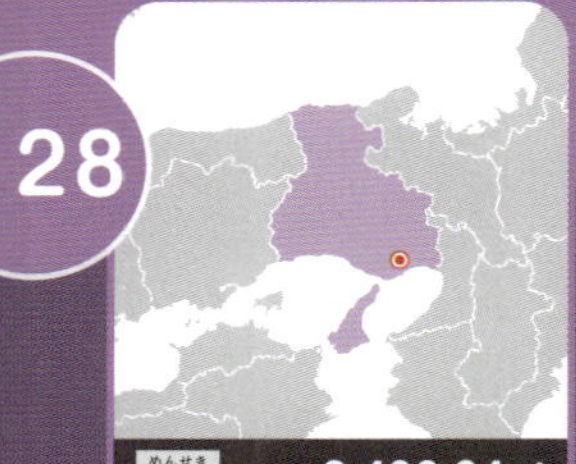

兵庫県

1965年5月14日制定

コウノトリ［鸛］

（コウノトリ目コウノトリ科）

学名 *Ciconia boyciana* 英名 Oriental Stork 全長 112cm

日本の空を舞うコウノトリ。県立コウノトリの郷公園など保護活動の拠点がある豊岡市の鳥でもあります。

兵庫県の鳥は、国の特別天然記念物でもあるコウノトリ。1971年の野生絶滅後、その最後の生息地だった豊岡市を中心に展開された保護増殖活動が結実、野外コウノトリは数を増やし続けています。一方、県南東部の県内人口密度2位の伊丹市の鳥は、カモ。市内の昆陽池や2大河川には、カモを含む70種以上が集います。

人工巣塔で子育て中の野外コウノトリ。現在巣塔は県内外の各所に設置されています。

「カモ」と呼ばれる鳥たち

「カモ」はガンにくらべてからだが小さく首が短めのカモ科の水鳥の総称。日本で見られるカモには、通年生息するカルガモやオシドリ、冬鳥として秋に渡来するマガモ、コガモ、ヒドリガモ、ハシビロガモ、オナガガモなどがいます。これら池沼や河川にいる草食性の強いカモを淡水ガモ、または陸ガモといい、主に海水域で魚や貝、エビなどを食べるウミアイサ、スズガモ、クロガモ、ホシハジロなどを海ガモといいます。世界的な生息数の減少から渡り鳥条約などが適用される種も多く、生息地はラムサール条約に登録されることもあります。

29

奈良県

1966年6月制定

コマドリ［駒鳥］

（スズメ目ヒタキ科）

面積 3,690.94㎢
県庁所在地 奈良市

学名 *Larvivora akahige* 英名 Japanese Robin 全長 14cm

アオゲラ、ミソサザイ、オオルリ、カワセミといった候補の中から県民の投票により選ばれました。

奈良県の鳥は、昔から「吉野コマ」の名で知られ、日本三鳴鳥のひとつにも数えられるコマドリ。県内では主に台高山系や大峰山系、伯母子山地の標高約1150〜1650mのスズタケやスゲなどの茂みで繁殖します。一方、世界最古の木造建築物でユネスコの世界文化遺産でもある法隆寺のある斑鳩町の鳥は、イカル。町制70周年を記念して制定されました。

イカル

斑鳩の里と呼ばれるようになったのは、この鳥が多くいたことからといわれています。

30

面積 4,724.69㎢
県庁所在地 和歌山市

和歌山県

1965年12月16日指定

メジロ［目白］

（スズメ目メジロ科）

学名 *Zosterops japonicus* 英名 Warbling White-eye 全長 12cm

県民投票での一番人気はウグイスでしたが、すでに山梨と福岡の鳥とされていたこともあり、メジロが県の鳥に。

和歌山県の鳥は、花のみつを好むウグイス色のかれんな小鳥、メジロ。県内に多く生息し、古くから県民に親しまれていることから選ばれました。また、紀伊半島南部に位置する、日本の古式捕鯨発祥の地として知られる太地町。歴史と文化を継承するこの港町の鳥には、沿岸に生息するイソヒヨドリが選ばれています。

町全体が熊野灘に面し、吉野熊野国立公園に指定された海岸線などもある太地町の鳥です。

31

面積 3,507.03㎢
県庁所在地 鳥取市

鳥取県

1964年選定

オシドリ [鴛鴦]

(カモ目カモ科)

学名 *Aix galericulata* 英名 Mandarin Duck 全長 45cm

数百羽以上のオシドリの集団となると、体験したことのある人はかなり限られるのでは。集団飛行は、壮観！

鳥取県の鳥は、一年を通して県内の沼や池で姿を見ることのできるオシドリ。日野町には町の鳥にも選ばれているオシドリの観察小屋があり、11月から3月にかけて日野川に越冬に訪れるオシドリを、多いときは1000羽近く間近で見ることができます。自然豊かな日野川周辺はマガモやオナガガモ、トモエガモなども飛来する、水鳥天国です。

三朝町は町制施行55周年を記念し、「山と自然の豊かな町」のイメージにぴったりなヤマセミを町の鳥に。

32

面積 6,707.81㎢
県庁所在地 松江市

島根県

1964年5月10日指定

ハクチョウ［白鳥］

（カモ目カモ科）

学名 *Cygnus columbianus* 英名 Tundra Swan 全長 120〜133cm

コハクチョウ

宍道湖などに越冬のために渡来する姿を見ることができます。

島根県の鳥は、733年に完成したとされる『出雲国風土記』にも登場するハクチョウ。以前はオオハクチョウでしたが、飛来する種がほぼコハクチョウとなっている実情を踏まえ、2000年よりハクチョウに。また、安来市の鳥もハクチョウで、飛来地の能義平野を走る約6kmの広域農道は「白鳥ロード」と呼ばれています。

チュウダイサギ

国の重要無形民俗文化財「鷺舞」が伝承されてきた津和野町の鳥はシラサギ。写真は繁殖羽の個体。

33

面積	7,114.6㎢
県庁所在地	岡山市

岡山県

1994年4月制定

キジ［雉］

（キジ目キジ科）

学名 *Phasianus versicolor* 英名 Green Pheasant 全長 オス80cm、メス60cm

桃太郎の家来は瀬戸内海沿岸のニホンキジとすると、九州と同じ羽色の濃いキュウシュウキジとされる亜種だったはずです。

日本で最も知られた昔話のひとつ「桃太郎伝説」が生まれた岡山県の鳥は、キジ。県民投票の結果、大型で姿が美しく、草原や耕地などに広く生息していて古くから県民に親しまれていることから選ばれました。一方、岡山市、総社市、和気町の鳥で、県内4施設での飼育数は日本一ともいわれる鳥がタンチョウです。

タンチョウ

岡山後楽園、岡山県自然保護センター、きびじつるの里、蒜山タンチョウの里で会えます。

34

面積 8,478.94㎢
県庁所在地 広島市

広島県

1964年7月13日制定

アビ［阿比］

（アビ目アビ科）

学名 *Gavia stellata* 英名 Red-throated Loon 全長 63cm

北極やアジア大陸の北部で夏に繁殖し、冬に瀬戸内海などへ南下。漁で活躍したのは冬羽の時期です。

冬羽

広島県の鳥は、瀬戸内で300年以上続いた伝統漁法でも活躍した冬鳥のアビ。アビは種名でもありますが、アビ属の5種の鳥の総称でもあり、アビ漁で用いられたのは主にシロエリオオハムだったといわれています。瀬戸内海では特に呉市の豊島周辺が「アビ渡来群遊海面」として国の天然記念物に指定されています。

シロエリオオハム

夏羽

オオハム

シロエリオオハムより少し大きめですが、冬羽は見分けがつかないほど似ています。

山口県

1964年10月13日指定

ナベヅル［鍋鶴］

（ツル目ツル科）

学名 *Grus monacha* 英名 Hooded Crane 全長 100cm

10月中旬ごろから越冬のために渡来し、翌年の3月上旬にはシベリア方面へと帰るナベヅル。

山口県の鳥は、越冬のために日本を訪れるナベヅル。周南市八代地区は、全国で最も早く1887（明治20）年からツルの保護を始めた「近代日本自然保護制度発祥の地」で、1955（昭和30）年に「八代のツルおよびその渡来地」は国の特別天然記念物にも指定されました。本州唯一のナベヅル飛来地として、近年は毎年10羽以上が渡来しています。

周南市の鶴いこいの里交流センターには、渡来中のツルが観察できる監視所やツルに関する資料展示があります。

外国の鳥がシンボル鳥に

野鳥ではないけれど、その土地で長年愛され親しまれてきた結果、自治体のシンボルになった外国の鳥もいます。山口県下関市のペンギンと、長崎県川棚町のインドクジャクがその例で、前者は1957（昭和32）年、下関港に入港した捕鯨船から下関水族館に寄贈されたコウテイペンギンが、後者は1963（昭和38）年にインド政府から友好の印として贈られたインドクジャクがはじまりでした。以来60年以上、身近な施設で会える外国の鳥たちは、興味深い生態を市や町の歴史とともに伝えてくれています。

現在、市立しものせき水族館 海響館（旧下関水族館）ではオウサマペンギンなど5種のペンギンに会えます。

ディスプレイでオスが広げるのは尾羽の付け根の上面をおおっている上尾筒という羽。後ろ姿を見るとよくわかります。

36

面積 4,146.99㎢
県庁所在地 徳島市

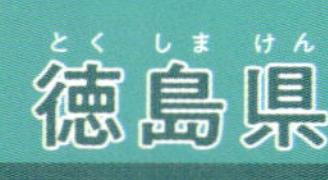

徳島県

1965年10月1日指定

シラサギ［白鷺］

（ペリカン目サギ科）

ダイサギ　学名 *Ardea alba*　英名 Great Egret　全長 90cm

ダイサギ　チュウダイサギ

ともにシラサギと呼ばれるこの鳥たちはよく似ていますが、前者は足の上部がピンク色、後者は黒っぽく見えます。

徳島県の鳥は、シラサギ。湿地や水辺にある森林や竹やぶなどを生息、繁殖場所とし、県南部を中心に広く分布している鳥です。県内の自治体では、美馬市の鳥が、旧木屋平村のシンボルだったアカゲラ。四国では珍しいこのキツツキは、有名な霊峰、剣山で見られます。美波町の鳥は、町で越冬するイワツバメです。

イワツバメ

ツバメとくらべて尾が短く、腰も白いイワツバメ。美波町の指定文化財になっています。

「シラサギ」と呼ばれる鳥たち

シラサギは「白鷺」、いわゆる白いサギの総称で、シラサギという鳥がいるわけではありません。具体的にはダイサギ、チュウダイサギ、チュウサギ、コサギ、アマサギなどを指します。これらのサギは春先から8月前半くらいまでの子育ての時期に、コロニーを形成して集団ですごします。サギのコロニーは「サギ山」とも呼ばれ、同種やシラサギ以外のアオサギ、ゴイサギなど複数の種で構成されることもよくあります。コロニーは1000羽以上の大規模なものもありますが、近年は小規模なものが増えています。

37

面積 1,876.86㎢
県庁所在地 高松市

香川県

1966年5月10日指定

ホトトギス ［杜鵑］

（カッコウ目カッコウ科）

学名 *Cuculus poliocephalus* 英名 Lesser Cuckoo 全長 28cm

カッコウのなかまで、形や羽色もよく似ているホトトギス。繁殖の際、他の鳥に托卵を行うのも同様です。

香川県の鳥は、5月中旬ごろ夏鳥として渡来するホトトギス。特に渡来初期には昼夜を問わずさえずる鳥で、その存在感により万葉の時代から多くの歌や詩に詠まれてきました。その知名度と、県内に広く生息していること、そして昆虫、特に毛虫をよく食べるため、益鳥としての評価も高く、県鳥に選ばれました。

主にウグイスに托卵する習性があるため、ウグイスが生息している場所に渡来します。

愛媛県

1970年5月10日制定

コマドリ［駒鳥］

（スズメ目ヒタキ科）

学名 *Luscinia akahige* 英名 Japanese Robin 全長 14cm

かわいらしい姿で「ヒンカラカラ」とかん高い声で鳴く、日本三鳴鳥の一角です。

海岸地域の暖温帯から、西日本最高峰の石鎚山系の亜高山帯まで、広い気候帯に多彩な動植物が生息する愛媛県。そのシンボル鳥はコマドリで、石鎚山系に多く生息しています。また、西予市の鳥は、市内に広く生息するウグイス。心をなごませるさえずりや姿は、平穏で心豊かな住環境である市を象徴するとして制定。

愛南町の鳥は、全域に生息するメジロ。「町の優しさ」をイメージさせる鳥として選ばれました。

39

高知県

1964年5月10日制定

ヤイロチョウ［八色鳥］

（スズメ目ヤイロチョウ科）

面積　7,102.28㎢

県庁所在地　高知市

学名 *Pitta nympha*　英名 Fairy Pitta　全長 18cm

しっかりした足で地上を歩きまわり、落ち葉を返してはミミズや昆虫をせっせと捕らえます。

高知県の鳥は、5月ごろ渡来するヤイロチョウ。和名のとおり8色から構成される鮮やかな羽をもつ夏鳥です。少数が県西部の広葉樹林の深山で繁殖しますが、警戒心が強く、「幻の鳥」と呼ばれています。ほかには、メジロが室戸市など9の自治体、ヤマガラが大豊町など5の自治体のシンボル鳥に選ばれています。

土佐市では全国で唯一、ムクドリを「市民の暮らしに近い野鳥」としてシンボル鳥に選定。

南国市の鳥「オナガドリ」ってどんな鳥？

オスの尾羽が長いものでは5〜6mになることで世界的にも知られているオナガドリ [尾長鶏]（長尾鶏とも）。通常ニワトリは年に一度換羽をしますが、オナガドリのオスは遺伝的に尾羽が生え換わらずに伸び続けるのです。その始まりは江戸時代、現在の高知県南国市篠原で武市利右衛門という人物が飼い鶏の中に尾が長い一羽を発見し、交配を重ねてオナガドリの原種を作り出したことでした。土佐藩主山内候の大名行列の先頭を行く槍の鞘飾りに尾羽が使われており、土佐藩では長い羽の生産者には褒美を与え、飼育を奨励していたのです。藩の秘密とされ、この鶏の存在が知られたのは江戸時代後期とされています。

一時は戦争などにより絶滅の危機にありましたが、1952年には国の特別天然記念物に。1979年、原産地で現在日本唯一の飼育地である南国市の市制施行20周年に際し、市の鳥に選ばれました。大正時代に開発された「止め箱」と呼ばれる特別な箱で飼われたオスの尾羽は一年で約70cm、若いときは1m近く伸びることもあるといわれ、最長13mの記録も。ギネスブックには1974年7月20日計測の10.6mという記録が掲載されています。

オナガドリは最初に作出された原種の白藤種、褐色種、白色種の3種類。南国市内の長尾鶏センターでは関連資料が展示され、止め箱での飼育、繁殖の様子を実際に見ることもできます。

40

福岡県

1964年7月3日決定

ウグイス［鶯］

（スズメ目ウグイス科）

面積 4,987.66㎢
県庁所在地 福岡市

学名 *Horornis diphone* 英名 Japanese Bush Warbler 全長 オス16cm、メス14cm

環境適応能力が高く、日本ではほぼ全国に分布するウグイス。多くの自治体でシンボル鳥に選ばれています。

福岡県の鳥は、人気のウグイス。須恵町など県内6つの町のシンボル鳥でもあります。また、世界遺産「『神宿る島』宗像・沖ノ島と関連遺産群」で知られる宗像市の鳥は、オオミズナギドリ。アーチ状に翼を広げて海面を舞う姿が雄大華麗な海鳥です。神湊の沖合約60kmに位置する沖ノ島は、一般観光客などは渡れないため、格好の繁殖地になっています。

オオミズナギドリ

優雅な飛翔姿に反して飛び立つのは極端に苦手。地元の大島では「オガチ」と呼ばれます。

41

面積 2,440.67㎢
県庁所在地 佐賀市

佐賀県

1965年5月指定

カササギ［鵲］

（スズメ目カラス科）

学名 *Pica pica* 英名 Eurasian Magpie 全長 45cm

写真は木の枝ですが、カラスと同じく針金ハンガーを好んで巣材とし、貯食の習性もあります。

佐賀県の鳥は、「カチカチ」という鳴き声から地元では「カチガラス」とも呼ばれるカササギ。その別名のとおりカラス科で、生態もよく似ています。かつて日本では佐賀平野を中心とした狭い範囲のみに生息していたため、地域性豊かな鳥ということで1923（大正12）年に生息地を定めた国の天然記念物に。その後、一般公募で県の鳥となりました。

白と黒のツートンカラーがおしゃれ。でも食性はなんでもこいの雑食性で、かなりカラス似。

42

面積 4,131.06㎢
県庁所在地 長崎市

長崎県

1966年4月15日指定

オシドリ［鴛鴦］

（カモ目カモ科）

学名 *Aix galericulata* 英名 Mandarin Duck 全長 45cm

県内約130カ所以上に越冬環境が分布していることが日本野鳥の会長崎県支部の活動により確認されています。

長崎県の鳥は、県内には秋から冬にかけて生息するオシドリ。日本野鳥の会長崎県支部では1999年から県内各地でのオシドリ一斉調査を開始。この県鳥の生息地と生息数、生息環境などの状況を把握することで自然環境の保全を目指しています。また、対馬市の鳥はコウライキジ。対馬には中世に朝鮮半島から移入されたといわれています。

コウライキジ

ユーラシア大陸に広く分布するコウライキジ。昭和初期に各地に放鳥され、キジのいない北海道で定着しました。

column
コラム

シンボル鳥の広報キャラ大集合！ 後編

大阪府広報担当副知事
「もずやん」(大阪府)
府の鳥モズがモチーフ。
将来の夢は「いつかオオタカになりたい」永遠の13歳。

「コジュリンくん」
(千葉県東庄町)
町の鳥コジュリンがモチーフ。

「あやぴぃ」
(神奈川県綾瀬市)
市の鳥カワセミがモチーフ。

「がんばくん」
「らんばちゃん」(長崎県)
県の鳥オシドリがモチーフ。

こちらは川棚町の鳥クジャクとコラボ！の記念の一枚。ちなみに川棚町では「かわたな戦隊クジャクマンZ」というヒーローキャラも活躍中。

「めじろん」(大分県)
県の鳥メジロがモチーフ。
大切なものは「みんなの笑顔とチャレンジ精神」☆

シンボルや特産品が合体！したハイブリッドキャラたち

シンボル鳥キャラには、花などその自治体の他のシンボルや特産物を合わせてデザインされる場合も少なくありません。ここではその究極？の例をご紹介！

とまチョップ
- とまこまい
- ハクチョウ
- ハナショウブ
- ホッキ貝
- ハスカップ

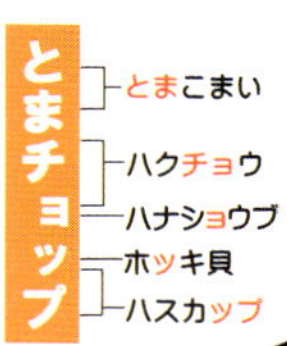

「とまチョップ」(北海道苫小牧市)
ハクチョウほか市のシンボルや各種特産物がモチーフ。

「くりっかー（中左）」
「くりっぴー（中右）」(埼玉県日高市)
市の鳥カワセミ＋特産品の栗＋曼珠沙華がモチーフ。
イラストは埼玉県マスコット「コバトン（右）」「さいたまっち（左）」とのコラボバージョン。

熊本県

1966年10月13日制定

ヒバリ［雲雀］

（スズメ目ヒバリ科）

学名 *Alauda arvensis* 英名 Eurasian Skylark 全長 17cm

メスへのアピールやなわばり宣言のため、早春からさえずり飛翔（ディスプレイ・フライト）にはげむヒバリ。

熊本県の鳥は、県内各地の草原や耕地に生息し、県民に親しまれているヒバリ。農業県・熊本にぴったりなシンボルとして制定されました。菊陽町、嘉島町、あさぎり町の鳥でもあります。また、ウグイスは人吉市など8の自治体でシンボル鳥に。渡り鳥の貴重な生息地としてラムサール条約湿地に登録された荒尾干潟のある荒尾市の鳥は、シロチドリです。

市制施行70周年を記念し荒尾市の鳥に制定。シギ・チドリが集まる荒尾干潟で唯一繁殖する鳥です。

44

大分県

1966年2月1日制定

メジロ［目白］

（スズメ目メジロ科）

面積 6,340.76㎢

県庁所在地 大分市

学名 *Zosterops japonicus* 英名 Warbling White-eye 全長 12cm

全国にいる留鳥で、繁殖期はペアですごし、その後は群れで暖地の椿林などに生息する姿が見られます。

大分県の鳥は、県内全域に生息し、県民に愛されているメジロ。この県鳥をモチーフとした大分県応援団“鳥”めじろんも活躍しています。また、『進撃の巨人』作者、諫山創氏の出身地として盛り上がる日田市の鳥は、「イシタタキ」とも呼ばれるセキレイ。清流三隈川を抱く水郷日田の水辺で会える美しい小鳥です。

セグロセキレイ

石をたたくように長い尾羽を上下に振り動かすのが別名「イシタタキ」の由来。

column
コラム

「セキレイ」と呼ばれる鳥たち

ハクチョウやガンなどと同じく「セキレイ」も種名ではなく総称です。日本でふつうに会えるのはセグロセキレイ、キセキレイ、ハクセキレイの3種で、主に水辺にすみ、河川や湖沼、海岸や田畑の周辺で空中の虫をフライングキャッチで捕らえます。このうちセグロセキレイはほぼ日本固有種で、前ページの大分県日田市のような中流より上の清流域に生息します。ほかにごくまれに日本に旅鳥として飛来するイワミセキレイがおり、前3種が尾羽を上下に振るのに対し、こちらは左右に振ります。

いずれもなわばり意識が強く、体型は細く尾羽も長いのが特徴です。

45

宮崎県

1964年12月22日制定

コシジロヤマドリ［腰白山鳥］

（キジ目キジ科）

面積 7,734.16㎢

県庁所在地 宮崎市

学名 *Syrmaticus soemmerringii ijimae* 英名 Copper Pheasant 全長 オス125cm、メス55cm

一般に羽色は南の地域ほど濃くなる傾向があります。県北には腰も赤銅色のアカヤマドリも生息しています。

宮崎県の鳥は、美しい褐色で長い尾羽をもつヤマドリの亜種コシジロヤマドリ。名前のとおりオスの腰の羽色が白い、南九州の山間部にのみ生息する希少な鳥です。県内では霧島山系などにすんでいます。また、小林市の鳥と木城町の鳥は、緑色の羽毛が美しいアオバト。海岸で海水を飲む習性で知られますが、ふだんは山地の広葉樹林に生息しています。

活動するのは主に朝や夕方で、地表で木の実や草の種子、昆虫などを探して食べています。

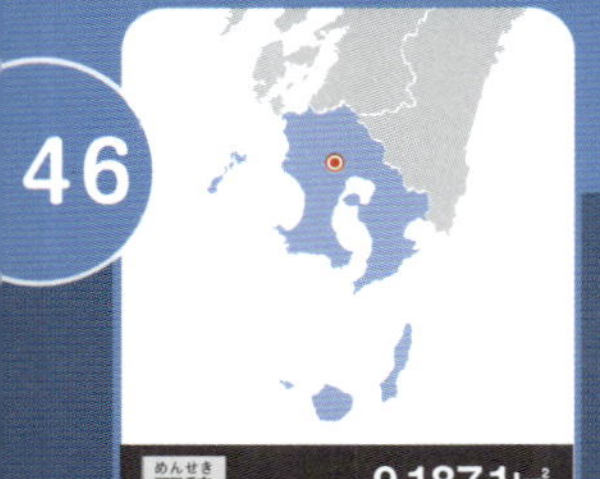

面積 9,187.1㎢
県庁所在地 鹿児島市

鹿児島県

1965年指定

ルリカケス ［瑠璃橿鳥］

（スズメ目カラス科）

学名 *Garrulus lidthi*　英名 Lidth's Jay　全長 38cm

現在は森に植林することなどにより、生息地を保護する対策がとられています。

鹿児島県の鳥は、奄美大島、加計呂麻島、請島に生息するルリカケス。羽が美しい瑠璃色をしたカラス科の鳥で、羽毛や標本作製目的で大量に捕獲されて生息数が激減したため、国の天然記念物に指定されました。十島村と宇検村の鳥は、南西諸島に分布するアカヒゲ。「森の妖精」の異名をもつ、これも国の天然記念物です。

学名の種小名*komadori*は、よく似たコマドリと間違えて記載されたと考えられています。

沖縄県

1972年10月26日指定

ノグチゲラ［野口啄木鳥］

（キツツキ目キツツキ科）

面積	2,282.09㎢
県庁所在地	那覇市

学名 *Dendrocopos noguchii* 英名 Okinawa Woodpecker 全長 31cm

沖縄本島北部山地にのみ生息する珍鳥。1955年にはすでに琉球政府は天然記念物に指定していました。

沖縄県の鳥は、国の特別天然記念物でもあるノグチゲラ。希少な一属一種の鳥で、減少により絶滅のおそれがあるといった理由で、県の鳥に。ほかにも国頭村のヤンバルクイナ、石垣市のカンムリワシ、本部町のリュウキュウコノハズク、名護市のリュウキュウメジロと、約50種の留鳥が生息している沖縄は、他では見られないシンボル鳥の宝庫です。

うるま市の鳥「チャーン」ってどんな鳥？

沖縄本島中部に位置するうるま市の鳥は、鳴き声も姿も美しい沖縄在来のニワトリ、チャーン。琉球王朝時代に中国または東南アジアよりもたらされたと考えられており、その名は中国語の「唄鶏」に由来するといわれています。当時、他の家鶏は放し飼いが普通でしたが、士族、王家など豊かな層の愛玩鳥だったチャーンは籠で大切に飼われたため、「籠の鳥」とも呼ばれました。チャーンの鳴き方は「ケッ、ケッレェーェー、ケッ」、最後の「ケッ」と短く切れる声が特徴的です。声質は三線のミージル（高音）、中ジル、フージル（低音）の3種の音色に、鳴き方は琉球古典音楽「散山節」にたとえられます。その観賞に際しては、打ち出し（ウチンザシ）、吹き上げ（フチンザシ）、声のひき止め（クゥイトメ）、しめ（チラシ）、声の長さ（クィーナギ）など、良し悪しの基準がもうけられています。

かつては年に一度、梅雨明けの時期に、那覇市首里にある琉球王国最後の国王の第四王子・尚順の屋敷だった松山御殿の庭ではチャーンの鶏鳴会が開かれていました。

シンボル鳥として人気の鳥ランキング

シンボル鳥の選定にあたっては、多くの自治体で、その土地に縁の深い鳥、他ではあまり見られない希少な鳥などをまず候補にあげ、住民の投票などを経て決定することが多かったようです。結果的に、北海道のタンチョウ、新潟のトキ、富山・長野・岐阜のライチョウ、兵庫のコウノトリ、沖縄のノグチゲラのように特別天然記念物の鳥は多く選ばれ、分布が広く人気も高そうなオシドリ、ヒバリ、メジロ、コマドリ、ウグイスは2、3の県に重複しています。下は、そのシンボル鳥を選んだ全国の自治体の総計と上位10位の顔ぶれ。選ばれた時代によっても変わりますが、さえずり、ビジュアルパワーやはり強し！

column
コラム

レアなシンボル鳥をチェック！

すでに他県が指定したものと重複しないよう、住民投票では2位以下だった鳥を選んだ自治体もあったようですが、これぞと思う鳥はどこでも人気なわけで、オンリーワン指名はやはりかなり至難のワザ。しかし各都道府県のページやこのページの下でも紹介していますが、全国で唯一、のシンボル鳥を指定した自治体も少なくはありません。日本の多様な自然環境によるものなのかもしれませんが、カラス、スズメ、ムクドリ、ヒヨドリの“身近4”を選んだ自治体はどうにも気になります。

せかいの国鳥

1782年、アメリカの連邦議会での制定を幕開けに、いわゆる非公式のものも含め、多くの国で選ばれてきた国鳥。そこでしか会えない珍鳥、選定理由に見られるお国柄など、世界の広さを感じてみましょう。

世界の国・地域のシンボルの鳥たち

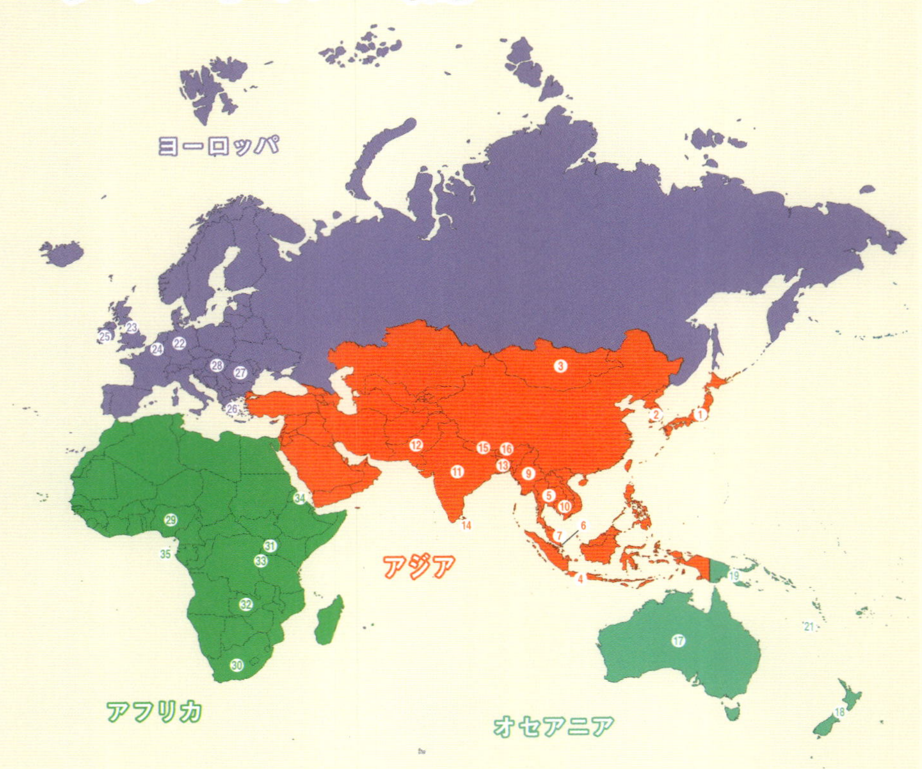

アジア

1. 日本…キジ（→p94）
2. 韓国…カササギ（→p96）
3. モンゴル…オジロワシ（→p97）
4. インドネシア…ジャワクマタカ（→p100）
5. タイ…シマハッカン（→p101）
6. シンガポール…キゴシタイヨウチョウ（→p102）
7. マレーシア…サイチョウ（→p103）
8. フィリピン…フィリピンワシ（→p104）
9. ミャンマー…ハイイロコクジャク（→p105）
10. カンボジア…オニトキ（→p106）
11. インド…インドクジャク（→p107）
12. パキスタン…イワシャコ（→p108）
13. バングラデシュ…シキチョウ（→p109）
14. スリランカ…セイロンヤケイ（→p110）
15. ネパール…ニジキジ（→p111）
16. ブータン…ワタリガラス（→p112）

オセアニア

17. オーストラリア…エミュー（→p114）
18. ニュージーランド…キーウィ（→p115）
19. パプアニューギニア…ゴクラクチョウ（→p116）
20. キリバス…グンカンドリ（→p117）
21. ニューカレドニア…カグー（→p118）

ヨーロッパ

22. ドイツ…シュバシコウ（→p120）
23. イギリス…ヨーロッパコマドリ（→p121）
24. ベルギー…チョウゲンボウ（→p123）

翼をもち、空を飛んで移動できる鳥に国境はないとよくいわれますが、どこでもOKというわけではありません。その鳥を国鳥に選べるのは、生息できる環境、条件を満たした国になります。

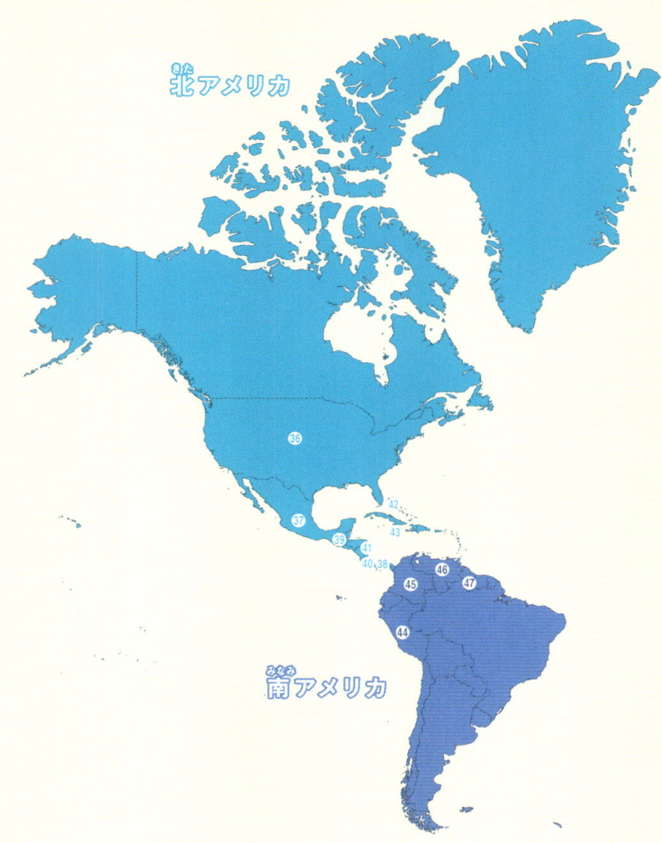

- ㉕ アイルランド…ミヤコドリ（→p126）
- ㉖ ギリシャ…コキンメフクロウ（→p127）
- ㉗ ルーマニア…モモイロペリカン（→p128）
- ㉘ ハンガリー…ノガン（→p129）

アフリカ

- ㉙ ナイジェリア…カンムリヅル（→p132）
- ㉚ 南アフリカ…ハゴロモヅル（→p133）
- ㉛ ウガンダ…ホオジロカンムリヅル（→p134）
- ㉜ ザンビア…サンショクウミワシ（→p135）
- ㉝ ルワンダ…ハシビロコウ（→p136）
- ㉞ エリトリア…ホオジロエボシドリ（→p137）
- ㉟ サントメ・プリンシペ…ヨウム（→p138）

北アメリカ

- ㊱ アメリカ…ハクトウワシ（→p140）
- ㊲ メキシコ…カラカラ（→p142）
- ㊳ パナマ…オウギワシ（→p143）
- ㊴ グラテマラ…ケツァール（→p144）
- ㊵ コスタリカ…バフムジツグミ（→p145）
- ㊶ ニカラグア…アオマユハチクイモドキ（→p146）
- ㊷ バハマ…フラミンゴ（→p147）
- ㊸ ジャマイカ…フキナガシハチドリ（→p148）

南アメリカ

- ㊹ ペルー…アンデスイワドリ（→p149）
- ㊺ コロンビア…アンデスコンドル（→p150）
- ㊻ ベネズエラ…ムクドリモドキ（→p152）
- ㊼ ガイアナ…ツメバケイ（→p153）

「せかいの国鳥」各ページの見方

A

日本 Japan

キジ［雉］

（カモ目カモ科） 学名 *Phasianus versicolor* 英名 Green Pheasant 全長 オス81cm、メス58cm

面積 約37万8,000㎢

首都 東京

日本の国鳥とされているのはキジ。現存する最古の文献である『古事記』や『日本書紀』、誰もが知る昔話などに登場、その行動や習性が「頭隠して尻隠さず」「けんもほろろ」といったことわざの由来になるなど古くから広く親しまれてきました。日本固有の美しい留鳥で、本州、四国、九州に生息。農耕地や河川敷など開けた場所を好みます。飛ぶのは苦手で走るのが速いのも特徴。オスの足の後ろ側には蹴爪があります。

子育てはメスが担当（写真左）。繁殖期のオスは赤い肉垂が肥大、激しく羽を打ち鳴らす母衣打ちをします。

94

B

日本の国鳥が決まるまで

日本の国鳥は、1947年に日本鳥学会で選定されたキジとされています。そのきっかけは、同じ年に文部省主催で開催された鳥類保護連絡協議会でした。オースチン博士（→p16）の提唱もあり、ここで「鳥類についての正しい知識と愛護思想の普及」を目的に、現在の愛鳥週間（バードウィーク）へと続くバードデー （愛鳥日）の制定が決定。その後、協議会参加メンバーの中からこれを機に国の鳥を決めようという案が持ち上がり、どの鳥がふさわしいか話し合いがなされました。キジ、ヤマドリ、ヒバリ、ハト、ウグイスなど複数の候補があがり、なかでもヤマドリは有力候補のひとつでした。ヤマドリ派は当時大陸のキジの亜種とする意見もあった日本のキジに対し、ヤマドリこそ異論を許さない日本固有種であることなどを強調したようです。しかし、最終的には右表のように一般にアピールするポイントの多かったキジに軍配が上がりました。

キジ派があげた6つの推しポイント

1. 日本固有種であり、日本の象徴になっている。
2. 留鳥で一年中姿を見ることができ、また人里近くに生息する。
3. 姿態優美、羽色鮮やかで、鳥に関心を持つ人が好きになれる。
4. 大型で肉味が良い。狩猟の対象として日本では好適で、その狩猟はスポーツとして楽しめる。
5. 古事記・日本書紀といった古文献に、すでにキジの名で登場し、また桃太郎に登場する動物として子どもたちも知っている。
6. オスの飛び立つ姿は力強く男性的、メスは「焼け野のきざす※」のたとえにあるように非常に母性愛が強い。

※「きざす（雉子）」（「きぎし」とも）はキジの古称で、キジは野を焼かれると子を救いだそうと巣に戻って焼け死ぬということから、親が子を思う情の深さを表したことわざ。

95

C

column

雄鶏がシンボル鳥の国

国鳥を指定していないフランスで、ある意味国鳥以上のシンボル鳥として君臨してきたのが雄鶏。その歴史は古く、フランス建国前、フランス人の祖先ガリア人の時代までさかのぼります。古代ギリシャ・ローマの公用語のラテン語では「ガリア人」と「雄鶏」を表す言葉は両方Gallus。そこで「ガリア人＝雄鶏」の連想で雄鶏はガリア人のシンボルとなり、ゴロワ貨幣にも雄鶏が描かれていました。対外的に雄鶏がフランスのシンボルとして定着したのは、第一次世界大戦あたりから。ナポレオンは「ニワトリなんて」と紋章はワシがモチーフでしたが、多くのフランス人は「首を上げてときをつくる雄鶏のポーズは誇り高い」「農業国フランスで家畜としてのニワトリは最も親しみやすい存在」とニワトリを好意的に受けとめてきました。サッカーフランス代表チームのユニフォームやスポーツ大会のエンブレムなど、現在に至るまで自国の大切なシンボル鳥としています。

雄鶏はポルトガルのシンボルでもあります。ポルトガル語で雄鶏を意味する「ガロ」は、真実と正義の象徴、幸運をもたらすお守りとして愛されています。

122

A 各国のシンボル鳥を紹介するページです。国名は基本的に外務省サイトの地域別インデックスページ掲載の短い表記を使用していますが、米国→アメリカ、英国→イギリスとしています。英語表記は国連加盟国一覧などに掲載の通称を使用しています。鳥の名前は和名で、種名でない場合（例：「ゴクラクチョウ」「グンカンドリ」）、鳥の写真とデータは適当と思われる種のものを紹介しています。地図上の赤い点は首都の位置を示しています。面積は外務省サイトの各国の基礎データページ掲載のもの。鳥の写真はできるだけその国で撮影されたものを掲載していますが、他の生息地でのもの、また動物園などで飼育下にあるものも含まれます。

B Ａのページに続くコラム。前のページで紹介した国のシンボル鳥にまつわる話題を取り上げたコラム。

C 複数の国のシンボル鳥にまつわる話題を取り上げたコラム。

アジア編
Asia

6大陸のうち最も大きく、地球上の陸地の4割を占めるユーラシア大陸。ここではその下半分に位置する日本を含む東アジア、東南アジア、南・中央アジアの国々のシンボル鳥を紹介します。

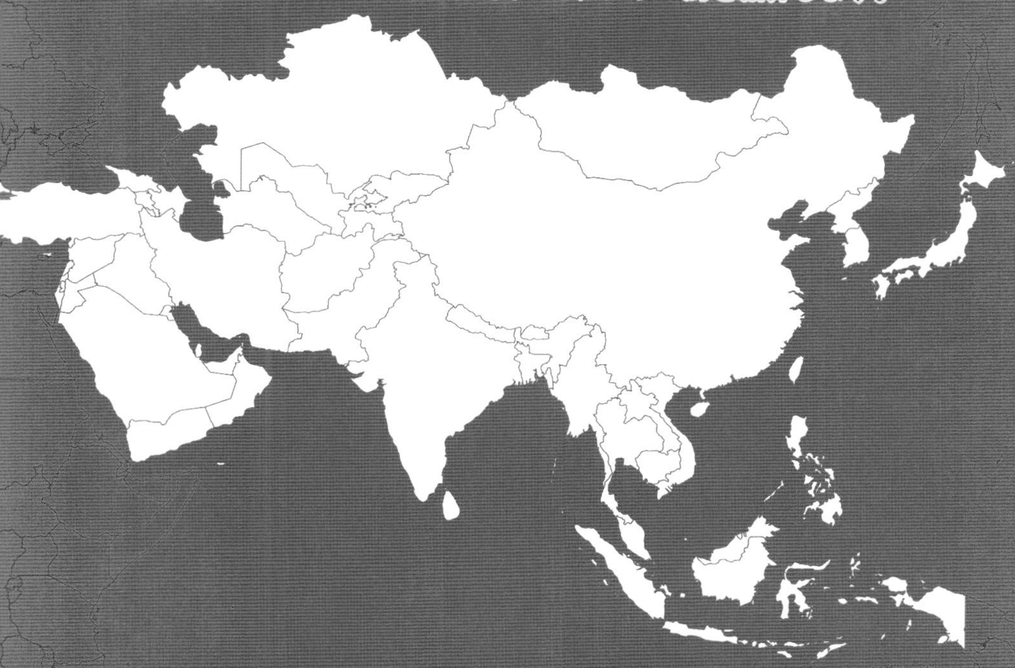

日本 Japan

キジ［雉］

（カモ目カモ科）　学名 *Phasianus versicolor*　英名 Green Pheasant　全長 オス81cm、メス58cm

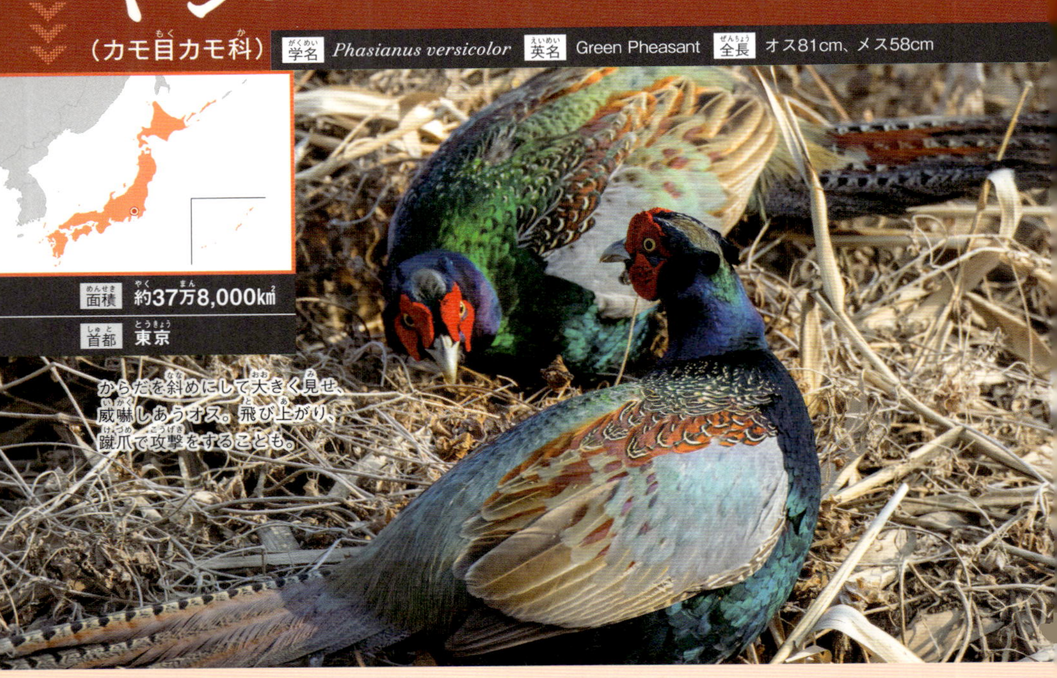

面積 約37万8,000km²

首都 東京

からだを斜めにして大きく見せ、威嚇しあうオス。飛び上がり、蹴爪で攻撃をすることも。

日本の国鳥とされているのはキジ。現存する最古の文献である『古事記』や『日本書紀』、誰もが知る昔話などに登場、その行動や習性が「頭隠して尻隠さず」「けんもほろろ」といったことわざの由来になるなど古くから広く親しまれてきました。日本固有の美しい留鳥で、本州、四国、九州に生息。農耕地や河川敷など開けた場所を好みます。飛ぶのは苦手で走るのが速いのも特徴。オスの足の後ろ側には蹴爪があります。

子育てはメスが担当（写真左）。繁殖期のオスは赤い肉垂が肥大、激しく羽を打ち鳴らす母衣打ちをします。

日本の国鳥が決まるまで

日本の国鳥は、1947年に日本鳥学会で選定されたキジとされています。そのきっかけは、同じ年に当時の文部省主催で開催された鳥類保護連絡協議会でした。オースチン博士（→p16）の提唱もあり、ここで「鳥類についての正しい知識と愛護思想の普及」を目的に、現在の愛鳥週間（バードウィーク）へと続くバードデー（愛鳥日）の制定が決定。その後、協議会参加メンバーの中からこれを機に国の鳥を決めようという案が持ち上がり、どの鳥がふさわしいか話し合いがなされました。キジ、ヤマドリ、ヒバリ、ハト、ウグイスなど複数の候補があがり、なかでもヤマドリは有力候補のひとつでした。ヤマドリ派は当時大陸のキジの亜種とする意見もあった日本のキジに対し、ヤマドリこそ異論を許さない日本固有種であることなどを強調したようです。しかし、最終的には右表のように一般にアピールするポイントの多かったキジに軍配が上がりました。

※「きざす［雉子］」（「きぎし」とも）はキジの古称で、キジは野を焼かれると子を救いだそうと巣に戻って焼け死ぬということから、親が子を思う情の深さを表したことわざ。

キジ派があげた6つの推しポイント

1 日本固有種であり、日本の象徴になっている。

2 留鳥で一年中姿を見ることができ、また人里近くに生息する。

3 姿態優美、羽色鮮やかで、鳥に関心を持つ人が好きになれる。

4 大型で肉味が良い。狩猟の対象として日本では好適で、その狩猟はスポーツとして楽しめる。

5 古事記・日本書紀といった古文献に、すでにキジの名で登場し、また桃太郎に登場する動物として子どもたちも知っている。

6 オスの飛び立つ姿は力強く男性的、メスは「焼け野のきざす※」のたとえにあるように非常に母性愛が強い。

韓国 South Korea

カササギ［鵲］

（スズメ目カラス科） 学名 *Pica pica* 英名 Eurasian Magpie 全長 45cm

面積 約10万km²

首都 ソウル

カラスより少し小ぶりなカラス科の鳥。好感度の高さこそ少々差がありますが、表情やしぐさ、知能の高さなどカラスと共通点の多い鳥です。

韓国の実質的な国鳥といわれるのが、国全域で見られ、昔から代表的な吉鳥として愛されているカササギ。朝早く家の前でこの鳥が鳴くと、久しぶりのうれしい来訪者があるといわれています。農村などでは秋に柿を収穫する際、“カッチパプ（カササギのごはん）”として枝に数個残しておく習慣があり、抜けた子どもの乳歯を屋根の上に投げるとカササギが新しい歯を持ってきてくれるという伝承も。全羅北道やソウル市など多くの自治体の鳥に指定されています。

腹と背の一部、翼の先が白色で残りは黒色の羽色、飛ぶと広がる尾羽もおしゃれ。

モンゴル Mongolia

オジロワシ［尾白鷲］

（タカ目タカ科）

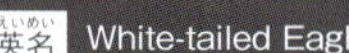
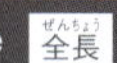

学名 *Haliaeetus albicilla*　英名 White-tailed Eagle　全長 オス80cm、メス94cm

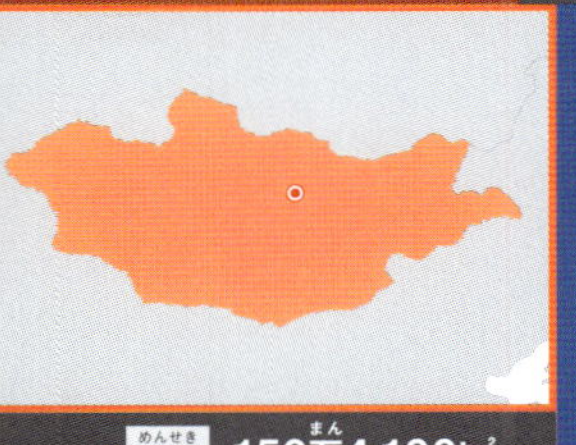

面積 156万4,100㎢

首都 ウランバートル

モンゴルのほか、カザフスタン、キルギス、ジョージア、トルクメニスタンなどの国鳥とされています。

その名のとおり白い尾羽が特徴のオジロワシは、翼を広げると2mに達する大型猛きん類。河川、湖沼などの上空を飛んでは魚類や水鳥、ときにキツネなども大きなかぎ爪でワシづかみして捕獲します。主にユーラシア大陸の北部で繁殖し、その後南下し中国東部やペルシャ湾周辺で越冬。モンゴルでは6つの主要な湖がある大湖盆地をはじめ全域で見られます。また、その西側に位置する中央アジアの複数の国の国鳥にもなっています。

日本にも飛来し、北海道北東部では少数留鳥も。日本の天然記念物にも指定されています。

column
コラム

シンボル鳥選定は激ムズ案件？

シンボル鳥に限らず、ひとつを選んで決めるというのはたいへんなことです。特に鳥の場合、同じ国や都道府県、市区町村の中にもさまざまな環境があり、そこにはそれぞれ鳥たちがいます。多様性に富んだ自然、選定に熱心な人が多いほど「船頭多くして船山に上る」状態になってしまいそうです。おそらく1782年に世界で最初に国鳥を制定したアメリカは、打ち出したいコンセプトと鳥のイメージがばっちりマッチしたのでしょう。ここではそんなシンボル鳥選定にまつわる事例を紹介します。

ヤマムスメ

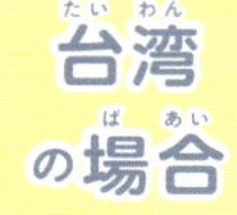

台湾のシンボル鳥は、固有種のミカドキジ［帝雉子］。オスの青紫色に光る黒色の羽色が気品高い美しい鳥で、台湾の紙幣にもその姿が印刷されています。しかし圧倒的支持を得てその座についたわけではなく、2007年に行われたネット投票で他候補を引き離して1位に輝いたのは、こちらも固有種のヤマムスメ［山娘］でした。台湾名を台湾藍鵲というこの鳥はカラス科で、サイズは同じくカラス科のカササギと同程度。濃青色のからだ、長い尾羽は濃青色と白色とのしま模様、くちばしと足は紅色の、台湾の人にとっては親しみ深い愛すべき鳥です。しかし人気投票の結果は棚上げになり、その後、なんらかの調整を経て国鳥はミカドキジに。もやっとする人もいたようです。

ミカドキジ

そして保留…

カナダでは2015年、国鳥を決めるべく立ち上げられたプロジェクトのウェブ投票に、5万人以上が参加。上の写真の5種が選ばれ、2017年のカナダ建国150周年でここから国鳥が発表されると思われていました。しかし政府が「いまさら…必要ある？」と難色を示し、保留に。また、その10年ほど前、国主導で国鳥選定が進められていた中国では、10候補の中ではタンチョウと中国固有種のキンケイが最有力視されていました。その後ネットアンケートでタンチョウが最も支持を得ましたが、学名の意味が「日本のツル」であることが一部で疑問視され、同じく保留になっています。

ジャワクマタカ［爪哇角鷹］

（タカ目タカ科） 学名 *Nisaetus bartelsi* 英名 Javan Hawk-eagle 全長 56〜61cm

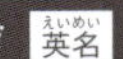
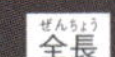

面積 約192万km²

首都 ジャカルタ

黒褐色の立派な冠羽をもつ凛々しい姿が国章のモチーフとしてもおなじみのガルーダを思わせるジャワクマタカ。

インドネシアのシンボル鳥といえば、インド神話に登場する神鳥ガルーダ。1992年、その伝説の鳥に似ているということで国鳥に指定されたのが、ジャワクマタカです。ジャワ島の森に生息する希少な固有種で、ネズミやコウモリ、鳥類や小型ほ乳類などを捕食します。開発による生息地の消失、乱獲などにより生息数が減少し、現在は政府やNGOなどによる保護活動や繁殖プログラム、研究者による調査などが進められています。

低山地の熱帯雨林に生息。繁殖期は1月〜7月で、一度に1個の卵を産みます。

シマハッカン［縞白鷴］

（キジ目キジ科）　学名 *Lophura diardi*　英名 Siamese Fireback　全長 オス80cm、メス60cm

面積 51万4,000㎢

首都 バンコク

オスの外見でまず目がいくのが、顔全体を占める赤い肉垂。頭頂の暗紫色の羽毛から伸びた冠羽も手伝い、仮面舞踏会のマスクのよう。

インドシナ半島の中央に位置するタイの国鳥は、主に同半島に分布するシマハッカン。他のキジ科の鳥と同じくメスよりオスが派手な鳥で、オスの赤い肉垂と足、それを引き立たせる灰色の羽毛、光沢ある緑青色の上尾筒や尾羽が華やかです。標高800m以下の常緑広葉樹林や竹林に生息し、昆虫やミミズ、果実などを食べていますが、生息数の減少により、野生動物保護区の繁殖センターでは人工繁殖、放鳥も行われています。

全体的に赤褐色で翼や尾羽にしま模様が入ったメス。顔に赤い裸出部はありますが、羽色の異なるオスほどは目立ちません。

シンガポール Singapore

キゴシタイヨウチョウ［黄腰太陽鳥］

（スズメ目タイヨウチョウ科）　学名 *Aethopyga siparaja*　英名 Crimson Sunbird　全長 9〜15cm

面積 約720㎢

首都 ——

派手な羽色はオスで、このなかまのメスはみんな地味め。和名の「黄腰」は、とまった状態では確認しにくい特徴です。

顔から胸、背の鮮やかな赤い羽毛、くちばしの下部から八の字のように伸びた、金属光沢で黒や青紫色に見える線状斑が印象的なタイヨウチョウ。この和名は英名Sunbirdの訳で、日が当たると羽色が変わることに由来します。シンガポール自然協会に選定された、非公式な国鳥です。主食は花のみつで、下向きにカーブした細いくちばしを花に差し込み、長い舌でからめとるように食べます。アメリカのハチドリと食性や形態が似ていますが、木などにもよくとまる別系統の鳥です。

林や花の多い場所を飛びまわっては、みつ探し。特に赤い花を好むといわれています。

マレーシア Malaysia

サイチョウ［犀鳥］

（サイチョウ目サイチョウ科）

学名 *Buceros rhinoceros* 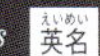 英名 Rhinoceros Hornbill  全長 オス110～160 cm、メス90cm

面積 約33万㎢

首都 クアラルンプール

学名の*rhinoceros*（ライノセラス）もサイという意味。東南アジアの島しょ部、大陸南部に分布しています。

マレーシアの国鳥は、くちばしの上に動物のサイのつのを思わせる大きな角質の突起のあるサイチョウ。かつてはマレーシア全土で見られたようですが、生息地となる広大な熱帯林が開発などで失われたことから、現在はリゾート地として知られるランカウイ島など一部地域のみに生息しています。繁殖期にはメスは入り口を土などでほとんどふさいだ樹洞の巣穴にこもり、オスが小さな穴から給餌をするという珍しい生態をもちます。

分類学の系統的なつながりではカワセミやキツツキに近いグループの鳥とされています。

フィリピン Philippines

フィリピンワシ［比律賓鷲］

（タカ目タカ科）　学名 *Pithecophaga jefferyi*　英名 Philippine Eagle　全長 86〜102cm

面積 29万8,170㎢

首都 マニラ

1995年に大統領宣言により改名、国鳥に。ちなみにそれ以前の国鳥は草地や耕作地によくいる頭部が黒い褐色の小鳥、キンパラでした。

フィリピンの国鳥は、翼開長約2mの翼で熱帯雨林の上空を飛翔する姿で「鳥の王」ともいわれるフィリピンワシ。7000以上の島々があるフィリピンの中でもミンダナオ島、ルソン島、レイテ島、サマール島だけに分布する、全長と翼の面積が現存種では最大のワシです。サルも捕食することからかつては「サルクイワシ」の名で知られていました。開発にともなう森林破壊により、現在世界で最も絶滅の危機にあるワシとなっています。

オスは7歳、メスは5歳で成熟。成鳥になると長寿で、飼育下では40年以上生きる例も。

ミャンマー Myanmar

ハイイロコクジャク［灰色小孔雀］

（キジ目キジ科） コクジャク 学名 *Polyplectron bicalcaratum* 英名 Grey Peacock-Pheasant 全長 オス75cm、メス55cm

面積 68万km²

首都 ネーピードー

コクジャク 標準和名はコクジャクで、「小さなクジャク」の意。ハイイロコクジャクはその別名です。

ミャンマーの国鳥は、ハイイロコクジャク。その名のとおり緑がかった灰色を基調とした羽色のコクジャクで、オスの飾り羽には目玉模様があり、繁殖期には大きく広げてメスにアピールをします。低地～標高1200mの熱帯常緑林に生息し、地面を掘り返して植物の種子、小さな昆虫などを食べ、繁殖の際は竹林などやぶの中の地面にくぼみ状の巣をつくって産卵。東南アジアに7種分布するコクジャクのなかまの中では最も広範囲に分布する種です。

24枚ある長い尾羽を大きな扇形に開き、メス（左）にディスプレイ中のオス。

カンボジア Cambodia

オニトキ［鬼鴇］

（ペリカン目トキ科）　学名 *Pseudibis gigantea*　英名 Giant Ibis　全長 105cm

カンボジア北東部に位置するラタナキリ州のロンファット野生生物保護区を中心に保護活動が展開されています。

カンボジアの国鳥はトキ科の最大種であるオニトキ。学名の*gigantea*、英名のGiant、和名のオニはともに「巨大な」という意味です。羽色は黒褐色に緑がかった灰褐色、灰色といった構成ですが、オニアカアシトキの別名が示すように足は赤紫色。9割以上が生息するカンボジアのほか、ベトナム、ラオスのみで確認されている保護対策が不可欠な絶滅危惧種で、現在は各地の野生生物保護区内で生息と繁殖が見守られています。

標本も貴重なオニトキ。頭部から首には羽毛がなく灰褐色の皮ふが裸出しています。

インドクジャク［印度孔雀］

（キジ目キジ科）　学名 *Pavo cristatus*　英名 Indian peafowl　全長 オス220cm、メス90cm

面積 328万7,469㎢
首都 ニューデリー

飾り羽の目玉模様にはメスをひきつける力があり、模様の数が多いほど求愛の成功率は高いともいわれます。

インドの国鳥は、全長220cm以上にもなるオスの青藍色の羽とそれを広げるディスプレイでも知られるインドクジャク。インドやその隣国の一部、スリランカなどに自然分布。標高1500mまでの落葉樹林、農耕地などで、昆虫や小型は虫類、植物の種子などを食べます。サソリや毒ヘビも捕食することから、邪気を取り除き功徳を施す益鳥として尊ばれ、信仰の対象にもなりました。飛ぶのは苦手ですが、非常時には飛翔します。

扇状に広がった華やかな冠羽。褐色で少し地味ですが、メスのものもオスと同じ形状。

パキスタン Pakistan

イワシャコ［岩鷓鴣］

（キジ目キジ科）　学名 *Alectoris chukar*　英名 Chukar Partridge　全長 32〜35cm

英名のChukarは「チャック・チャック・チャカー・チャカー」というその騒がしい鳴き声に由来。

イスラエルからトルコ、アフガニスタン、インド、ヒマラヤ山脈西部からネパールにかけて分布する、小型で丸々した印象のキジ科の鳥。白いのどをふちどるように続く黒い過眼線と、わきの白黒のしま模様が特徴的。羽色は薄茶色や灰色、薄黄色と、好んで生息する草原や開けた岩がちの丘陵地帯にマッチするトーンです。イラクの国鳥でもあります。狩猟鳥として世界各地に移入されており、北アメリカの一部とニュージーランドでは帰化しています。

日本での放鳥は乾燥地の鳥のため定着せず、同じ気候帯からのコジュケイは定着しました。

シキチョウ［四季鳥］

（スズメ目ヒタキ科） 学名 *Copsychus saularis* 英名 Oriental Magpie-Robin 全長 19cm

面積 14万7,000km²

首都 ダッカ

インドから東南アジア、中国南部にかけて分布。オーストラリアには人為的に移入され、定着しています。

バングラデシュの国鳥は、美しい声と姿で人々に愛されてきたシキチョウ。特にさえずりは複雑な節回しが特徴で、鳴き方のパターンの多さにも定評があります。森林や農地に生息していますが、人家の庭に現れることもあり、飼い鳥としても人気なのだとか。一方で、なわばりに侵入する同種には激しく攻撃する気の強い面もあります。白と黒のモノトーンの羽色と長い尾羽がカササギに似ているため、英名にはカササギを意味するmagpieが含まれています。

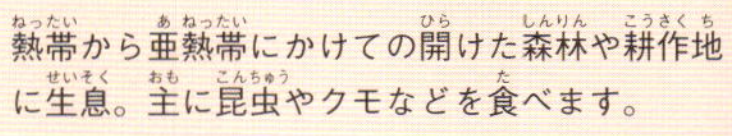

熱帯から亜熱帯にかけての開けた森林や耕作地に生息。主に昆虫やクモなどを食べます。

スリランカ Sri Lanka

セイロンヤケイ ［錫蘭野鶏］

（キジ目キジ科）

 *Gallus lafayettii* 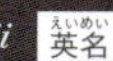 Sri Lanka Junglefowl  オス66〜72cm、メス35cm

面積 6万5,610㎢

首都 スリ・ジャヤワルダナプラ・コッテ

炎のような赤と黄色のとさか（鶏冠）をもつオス。繁殖期はより大きく、それ以外の時期は小さくなります。

北海道の5分の4ほどの面積に20以上の国立公園と100以上の自然保護区があるスリランカ。熱帯雨林に生息する珍しい固有種の宝庫です。この国鳥も固有種で、アジア地域に分布するニワトリの祖先とされるセキショクヤケイ［赤色野鶏］とは別種。主に地上を歩きながら昆虫やミミズ、植物の種子などを食べます。

子育てをメスのみが行う鳥のなかまはオスとメスの外見が大きく異なるのが特徴のひとつですが、セイロンヤケイもその例にもれません。

目立ちにくい羽色のメス。オスのような立派な尾羽がないこともあり、全長はオスの半分ほど。

ニジキジ［虹雉］

（キジ目キジ科） 学名 *Lophophorus impejanus*  英名 Himalayan Monal 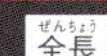 全長 60〜70cm

面積 14万7,000㎢

首都 カトマンズ

色に目がいきがちですが、太い足とかぎ型のくちばし、短めの尾羽と、他のキジより大型でがっしりした印象。

アフガニスタン東部からインド、ネパール、ブータン、チベットにかけてのヒマラヤ山脈沿いに分布するニジキジ。日の光を浴びると虹色の輝きを見せる金属光沢の羽、ビロード状の羽毛に、直立する冠羽をもったオスは、最も美しいキジのひとつです。繁殖期に翼と尾羽をめいっぱい広げるディスプレイでメスにアピールする姿は、まさに圧巻！　一方でその外見から密漁の標的にされやすく、ワシントン条約で厳しく取引が規制されている鳥でもあります。

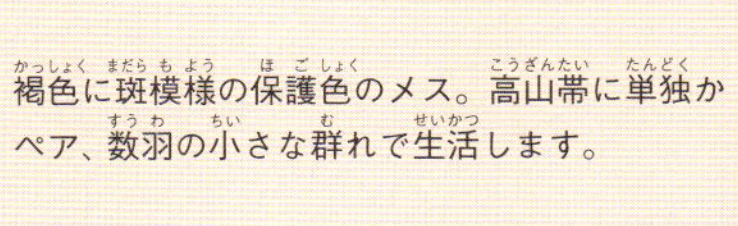

褐色に斑模様の保護色のメス。高山帯に単独かペア、数羽の小さな群れで生活します。

ブータン Bhutan

ワタリガラス［渡鴉］

（スズメ目カラス科）

 *Corvus corax*  Northern Raven  58〜69cm

面積 約3万8,394㎢

首都 ティンプー

ユーラシア大陸全域と北米大陸、グリーンランドなどに広く分布。飛翔は小型のカラスよりなめらかで安定感があるといわれます。

ブータンの国鳥はワタリガラス。この和名は日本では渡り鳥として北海道で見られることによるもので、日本でふつうに見られるカラスよりひと回り大きいため、オオガラス［大鳥］の別名も。アイヌ語ではオンネパシクル（老大なるカラス）と呼ばれます。ブータンでの生息地は主に山地や森林地帯ですが、都市部で見られることも。知能が高く道具を使ったりスノーボードをする固体がいたりと、親しまれ愛されている国鳥です。

構造色による羽の光沢は他種と同様。声は大きく、鳴き方のバリエーションは多めな印象。

オセアニア編

Oceania

早期に他の大陸から分離したことで固有の生態系が進化したオーストラリア大陸と、周辺の島々。南半球に位置するため北半球とは季節が逆になるこのエリアの国々の鳥を紹介します。

エミュー［鴯鶓］

（ヒクイドリ目ヒクイドリ科）

学名 *Dromaius novaehollandiae*　英名 Emu　体高 160〜200cm

面積 769万2,024㎢

首都 キャンベラ

1960年に政府が国鳥に指定したといわれますが、別の説も。いずれにしてもオーストラリア固有種です。

オーストラリアの国章にカンガルーとともに描かれているエミュー。多くの固有種から2者が選ばれたのは、「前進しかしない」からだとか。大陸全域の草原や砂地などの開けた土地に分布。ダチョウなどと同じく走鳥類と呼ばれる飛べない鳥で、小さな翼は羽毛にかくれてわからないほど。鳥の足指は4本が主流ですが、エミューは速く走るために有利な3本指です（ダチョウはさらに上を行く鳥類唯一の2本指）。体高はダチョウにつぐ鳥類2番目となっています。

抱卵もひなの世話もオスの役目です。ひなの羽毛にはしま模様があります。

ニュージーランド New Zealand

キーウィ ［奇異鳥］

（キーウィ目キーウィ科）

学名 *Apteryx australis*　英名 Southern Brown Kiwi　全長 35～55cm

面積 27万534㎢

首都 ウェリントン

「キウイフルーツ」の名は、この鳥に外見が似ていることから1959年に輸出する際に付けられました。

ニュージーランドの非公式な国鳥は、「キーウィ」と聞こえる繁殖期のオスの声から先住民のマオリ族が命名した固有種。島に外敵がいなかったため飛んで逃げる必要がなく翼が退化した、飛べない鳥です。夜行性で、先端に鼻孔のある長いくちばしを地中に突き刺し、ミミズや昆虫を探して食べます。卵は体重の2割もの重さがある巨大なもので、オスが温めるため、育児などに積極的な夫を指す「キウイハズバンド」という言葉もあります。

視覚より嗅覚や触覚を使って食べものを探す珍しい鳥。果物なども食べます。

パプアニューギニア Papua New Guinea

ゴクラクチョウ［極楽鳥］

（スズメ目フウチョウ科）　アカカザリフウチョウ　学名 *Paradisaea raggiana*　英名 Raggiana Bird-of-paradise　全長 34cm

面積　約46万km²

首都　ポートモレスビー

アカカザリフウチョウ
激しくディスプレイ中のオス。この求愛ダンスがニューギニアの民族舞踏シンシンのルーツともいわれます。

パプアニューギニアの国鳥は、オセアニアの熱帯に生息するゴクラクチョウ。これはそのなかまを指す総称で、標準和名はフウチョウといいます。ニューギニア島にはその固有種が多く生息していますが、国旗や国章に「自由・統合・飛躍」の象徴として描かれている国鳥は、その中のアカカザリフウチョウ。繁殖期になるとオスはメスにアピールするため、高い木の枝先で飾り羽を振りながら多彩なポーズをとる、ディスプレイを行います。

ゴクラクチョウはニューギニア航空のロゴマークのモチーフにもなっています。

キリバス Kiribati

グンカンドリ［軍艦鳥］

（カツオドリ目グンカンドリ科）　コグンカンドリ　学名 Fregata ariel　英名 Lesser Frigatebird　全長 79cm

面積 730㎢

首都 タラワ

コグンカンドリ

翼開長約185cmの大きな翼で海上をグライダーのように滑空飛行。

日付変更線の東端に位置し、新たな一日を世界で最初に迎える国として有名なキリバス。赤道をはさんで点在する33の島々で構成されており、海鳥の生息地としても知られています。その国鳥はグンカンドリで、国旗に希望の象徴として描かれているのはコグンカンドリ。その大きな翼は、長時間飛ぶことに適応しています。一方で、翼に撥水性がないため、泳ぎや潜水は苦手。そこで自分では捕獲せず、他の鳥の捕った獲物を奪うことが得意になりました。

オオグンカンドリ

オオグンカンドリはキリバスのお隣、世界で3番目に小さい国ナウルの国鳥です。

カグー

（ジャノメドリ目カグー科）　学名 *Rhynochetos jubatus*　英名 Kagu　全長 55cm

面積 1万8,575km²

首都 ヌメア

うす暗い森の中を歩きまわる灰白色のカグー。現地で「森のゴースト」と呼ばれてきたというのも納得です。

「天国にいちばん近い島」としても知られるニューカレドニアのシンボル鳥は、ジャングルに生息する固有種のカグー。くちばしと長い足はオレンジ色、羽色はグレーがかった白色が基調のほとんど飛ばない鳥です。森の中の広いなわばりで土中の昆虫やミミズを探しますが、その際鼻の穴を保護する小さなカバーがあるのはこの鳥ならではの特徴。繁殖期には、オスは威嚇や求愛のため、大きな冠羽を立て、翼を広げてディスプレイをします。

メスにアピールするときは、冠羽をめいっぱい逆立てて、求愛ダンスも。

ヨーロッパ編 Europe

ユーラシア大陸の西側に位置するヨーロッパ。緯度が高く夏と冬の日照時間が大きく異なる北ヨーロッパから、温暖で地中海性気候の南ヨーロッパまで、さまざまなシンボル鳥を紹介します。

ドイツ Germany

シュバシコウ［朱嘴鸛］

（コウノトリ目コウノトリ科） 学名 *Ciconia ciconia* 英名 White Stork 全長 100cm

面積 35万7,000㎢

首都 ベルリン

くちばしなどの色は異なりますが、近縁種のコウノトリとよく似ています。

公式ではありませんが、ドイツの国鳥といわれる鳥のひとつがシュバシコウ。ヨーロッパの説話の赤ちゃんを運んでくる鳥としても知られ、幸福と長寿の象徴、縁起がいい鳥として人々に親しまれてきました。繁殖地は主にヨーロッパと中央アジアで、特にポーランドの湖水地方は世界最大の繁殖地といわれます。発声器官のつくりにより鳴き声を出せないため、威嚇や求愛の場面ではくちばしを打ち鳴らすクラッタリングを行います。

ペアは基本的に一生その関係を持続。樹木や煙突、電柱などの高所に巣をつくります。

イギリス United Kingdom

ヨーロッパコマドリ［欧羅巴駒鳥］

（スズメ目ヒタキ科） 学名 *Erithacus rubecula* 英名 European Robin 全長 12.5〜14cm

1961年のロンドン・タイムズによる人気投票で1位に。その後2015年の国民投票で10候補から再び1位に選ばれ、正式に国鳥へ。

イギリスの国鳥は「ロビン」の愛称で愛されてきたこの身近な野鳥。顔から胸の赤橙色が特徴で、オスとメスが同じ色のかわいい小鳥です。古くは530年ごろの修道士の年代記に飼い鳥であった記載があり、以降もマザー・グースの歌や文学作品などに数多く登場しています。なお、イギリスはイングランド、スコットランド、ウェールズ、北アイルランドの4国で構成されていますが、スコットランドの鳥はライチョウ、ウェールズはアカトビとされています。

ヨーロッパ全域からシベリア西部、北アフリカなどに生息。ウクライナの国鳥でもあります。

column
コラム

雄鶏がシンボル鳥の国

国鳥を指定していないフランスで、ある意味国鳥以上のシンボル鳥として君臨してきたのが雄鶏。その歴史は古く、フランス建国前、フランス人の祖先ガリア人の時代までさかのぼります。古代ギリシャ・ローマの公用語のラテン語では「ガリア人」と「雄鶏」を表す言葉は両方Gallus。そこで「ガリア人＝雄鶏」の連想で雄鶏はガリア人のシンボルとなり、ゴロワ貨幣にも雄鶏が描かれていました。対外的に雄鶏がフランスのシンボルとして定着したのは、第一次世界大戦あたりから。ナポレオンは「ニワトリなんて」と紋章はワシがモチーフでしたが、多くのフランス人は「首を上げてときをつくる雄鶏のポーズは誇り高い」「農業国フランスで家畜としてのニワトリは最も親しみやすい存在」とニワトリを好意的に受けとめてきました。サッカーフランス代表チームのユニフォームやスポーツ大会のエンブレムなど、現在に至るまで自国の大切なシンボル鳥としています。

雄鶏はポルトガルのシンボルでもあります。ポルトガル語で雄鶏を意味する「ガロ」は、真実と正義の象徴、幸運をもたらすお守りとして愛されています。

ベルギー Belgium

チョウゲンボウ［長元坊］

（ハヤブサ目ハヤブサ科）　学名 *Falco tinnunculus*　英名 Common Kestrel　全長 オス33cm、メス39cm

面積 3万528㎢

首都 ブリュッセル

ユーラシア大陸とアフリカ大陸に広く分布しており、日本でもよく見られます。飛翔が得意で、翼を広げるとハトよりは大きな印象。

ベルギーの国鳥チョウケンボウは、ハトくらいの大きさの小型のハヤブサ。オスの体色が特徴的で、頭部が青灰色で、背は茶褐色、長い尾羽も青灰色で先が黒色をしています。メスや若い個体は頭部が茶色です。開けた農耕地や河川の上空をホバリングしながら獲物を探し、急降下して昆虫やミミズ、カエル、小鳥やネズミなどを捕らえます。ネズミやバッタを捕るため農民に大事にされてきた鳥でもあります。

もともとは高い崖などに営巣していましたが、都市部の建物などでの繁殖も増えています。

国を超えて愛される渡り鳥たち

渡り鳥は、食べものの入手のしやすさ、繁殖のしやすさなど、そのときの事情に合った条件を満たす地域ですごすため、定期的に長い距離を移動する鳥たちです。毎回違うところへ行くわけではなく、多くが春と秋の2回、南方と北方の決まった地域をほぼ決まった経路で行き来します。ツバメ、シギやチドリ、ハクチョウ、カモなど、日本に春や冬の訪れを告げる鳥たちも、そんな定期的な移動をくり返しています。日本にいないときはもう一方の地域や、途中に立ち寄る地域ですごしているのです。

国鳥になっている渡り鳥の例

日本にも渡来する渡り鳥が国鳥になっている国は少なくありません。ただ、たとえばオーストリアで見られるツバメは、日本には来ません。オーストリアで繁殖し、アフリカなどで越冬します。

オオハクチョウ（スウェーデンの国鳥）

オグロシギ（オランダの国鳥）

ツバメ（オーストリア、エストニアの国鳥）

9つの主要なフライウェイ

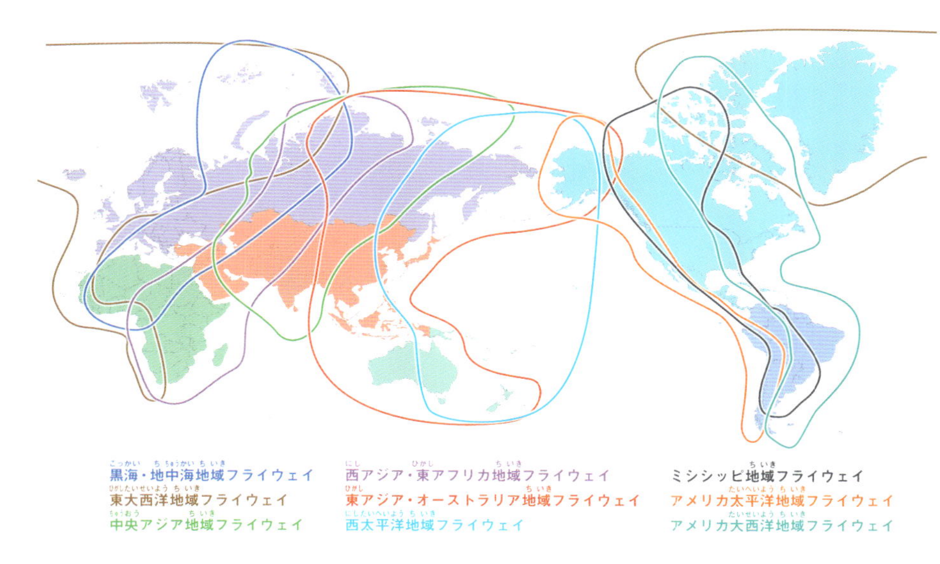

本章では、まずアジア編→その南方のオセアニア編、ヨーロッパ編→その南方のアフリカ編、そして北アメリカ→南アメリカ編の順に、国鳥を紹介しています。これは、北上したり南下したりする渡り鳥の動きを意識したものです。渡り鳥の渡りの経路を「フライウェイ」といい、上の図のように世界には9つの主要なフライウェイがあることがわかっています。ツバメ、ハマシギ、ハクチョウやカモなど、日本に渡来するおなじみの渡り鳥たちがどのように移動しているか、チェックしてみましょう。

アイルランド Ireland

ミヤコドリ［都鳥］

（チドリ目ミヤコドリ科） *Haematopus ostralegus* 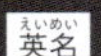 Eurasian Oystercatcher 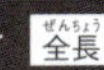 45cm

面積 7万300km²

首都 ダブリン

北欧や中央アジア、カムチャツカ半島などで繁殖。日本には越冬のために東京湾や伊勢湾を中心に飛来します。

海に囲まれた自然豊かな島国アイルランドの国鳥は、白黒の羽色に鮮やかなオレンジ色の長いくちばしと足が目をひくミヤコドリ。オスとメスは同色で、主に砂浜や岩場、干潟で小さな群れをつくってすごします。英名のOystercatcherが示すようにカキなどの二枚貝捕食の名手で、先端が鋭く平らなナイフの刃のようなくちばしを貝がくちを少しでも開けた瞬間、見逃さずに差し込み、こじ開けて食べます。

アイルランドでは一年中会える留鳥のミヤコドリ。笛のような鳴き声をあげることでも知られます。

ギリシャ Greece

コキンメフクロウ [小金目梟]

（フクロウ目フクロウ科） 学名 *Athene noctua* 英名 Little Owl 全長 20～25cm

古代エジプトの知恵を司るトト神がフクロウの姿であったり、夜目がきく→物事を見通す力をもつということで、フクロウは広く知恵の象徴とされてきました。

面積 13万1,957km²

首都 アテネ

ギリシャの国鳥は、ギリシャ神話の知恵の女神アテナの従者などとして知られるコキンメフクロウ。学名の*Athene*もそれに由来します。知恵、芸術、農業の象徴とされ、2500年前の古代ギリシャの銀貨にも姿が刻まれていました。ヨーロッパから北アフリカ、東は中国まで広範囲に分布し、環境変化への適応力にすぐれているといわれるフクロウで、農地や荒野、砂漠など開けた場所で、昆虫やは虫類、ネズミ、小鳥などを捕食します。

昼間も活動することが多く、小型のため飼い鳥としても人気のコキンメフクロウ。

ルーマニア Romania

モモイロペリカン［桃色伽藍鳥］

（ペリカン目ペリカン科）　学名 *Pelecanus onocrotalus*　英名 Great White Pelican　全長 160cm

面積 約23万8,000km²

首都 ブカレスト

自然世界遺産にも指定されているドナウデルタはヨーロッパ最大のペリカン群生地。ほかにはヨーロッパ南東部やアジア南西部、アフリカの湖沼、河口などに生息します。

ルーマニアの国鳥は、ドナウ河が黒海に注ぐ河口部に広がる大湿地帯ドナウデルタに全世界の半数が生息するといわれるモモイロペリカン。その漁は特徴的で、群れで魚群を浅瀬に追い込むと大きなのど袋で水ごと魚をすくい、水だけを排出します。White Pelicanという英名どおり羽毛は白色ですが、繁殖期には桃色に。オスは黄色いのど袋を見せたり、翼を広げたりしてメスに求愛アピールをします。繁殖が終わると暖かい地域に渡り、越冬します。

モモイロペリカンは世界に7種いるペリカンのうち最も個体数が多い種です。

ハンガリー Hungary

ノガン［野雁］

（ノガン目ノガン科）

学名 *Otis tarda* 英名 Great Bustard 全長 オス100～105cm、メス75～80cm

面積 約9万3,000㎢

首都 ブダペスト

繁殖期のオスは胸部が赤褐色の羽毛でおおわれ、くちばしの側面から白い飾り羽が伸びてきます。

ハンガリーの国鳥は、ドナウ川流域のプスタと呼ばれる広大な平原に生息するノガン。山七面鳥の別名のとおり、翼開長2.4m以上にもなるがっしりした体格で、現存する空を飛ぶ鳥の中では最も体重が重い鳥でもあります。足指が3本の強じんな足は、あまり空を飛ばず地上ですごすノガンの重要な移動手段です。西はスペインのイベリア半島から東は中国まで広範囲に分布しますが、生息環境の悪化により個体数は激減しています。

上面の羽にはオス、メスともに黒い横じまが。座り込むと周囲にとけこむ保護色に。

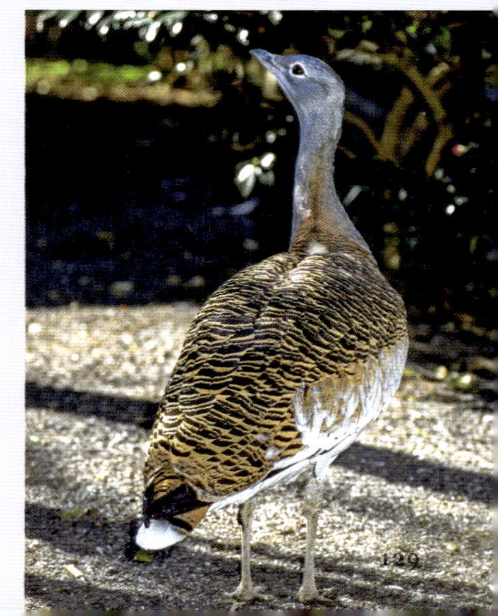

column
コラム

日本で会える鳥とどこがちがう？

その鳥が渡り鳥であれば、はるばる日本にやってきてくれて会えることもあります。一年を同じ地域ですごす留鳥だとそうはいきませんが、固有種でなければ「その鳥、日本にもいる！」ことも。ここで紹介するイソヒヨドリやハクセキレイもそうした鳥たちです。が、よく見ると、日本で会う鳥とはどこか違います。そう、前者はおなかが赤くないし、後者は目を横切る黒い過眼線がありません。このように同じ種類でも地域や環境で色や模様、大きさに違いが見られるものを「亜種」といいます。

マルタの国鳥は基亜種ニシイソヒヨドリ、ラトビアの国鳥は基亜種タイリクハクセキレイで、日本のほうが亜種です。

アフリカ編

Africa

世界最長のナイル川、広大なサハラ砂漠など雄大な自然を抱く人類発祥の地、アフリカ大陸。南北両半球に広がり、赤道をはさんで対照的な気候が分布する大陸の国々の鳥を紹介します。

ナイジェリア Nigeria

カンムリヅル［冠鶴］

（ツル目ツル科） 学名 *Balearica pavonina*  Black Crowned Crane 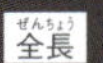 95cm

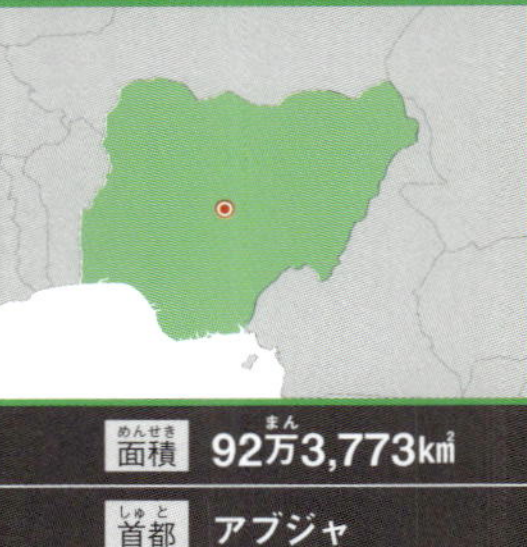

面積 92万3,773㎢

首都 アブジャ

ホオジロカンムリヅルと似ていますが、頬の赤色部分が多く、頬から下の羽色が濃くなっています。

世界で約15種確認されているツルのなかまの中でも最も華やかな姿をしているのが、カンムリヅルと近縁のホオジロカンムリヅル（→p134）。この2種は他のツルとは違い、足指で木の枝をつかみ、樹上にとまることができるという特徴があり、ここから現存するツルの中では最も原始的な種であると考えられています。

なお、カンムリヅルはナイジェリアの国鳥ですが、国内の野生種は絶滅しており、アフリカ西・中部の他の国でその姿を見ることができます。

頬の赤い部分とその上の白い部分は羽毛の生えていない裸出した皮ふです。

南アフリカ South Africa

ハゴロモヅル［羽衣鶴］

（ツル目ツル科） 学名 *Grus paradisea* 英名 Blue Crane 全長 100cm

面積 122万km²

首都 プレトリア

農作物を食べる害鳥として駆除されたり開発で生息地が失われたりして生息数が激減。絶滅危惧種に指定されています。

南アフリカの国鳥は、同国や北西に位置するナミビアを中心に分布するハゴロモヅル。和名は全身が淡い青灰色のこの鳥の三列風切羽が天女の羽衣のように長く美しいことに由来し、英名はシンプルにBlue Crane（青いツル）。南アフリカにくらすズールー人にとって特別な鳥で、その羽根飾りは部族の王のみが身につけられるものなのだとか。南アフリカの5セント硬貨にも姿が刻まれていましたが、一方で害鳥として駆除されることも。

サバンナの水場周辺に生息。昆虫や甲殻類、魚類のほか、植物の種子なども食べます。

ウガンダ Uganda

ホオジロカンムリヅル［頬白冠鶴］

（ツル目ツル科） 学名 *Balearica regulorum* 英名 Grey Crowned Crane 全長 100cm

面積 24万1,000㎢

首都 カンパラ

翼を広げると白い雨覆と黒い初列風切羽、焦げ茶色の次列風切羽がよくわかります（→p8）。

近縁種のカンムリヅルと同じく、和名のカンムリの由来となった黄金の華やかな冠羽をもつホオジロカンムリヅル。ウガンダやケニア、タンザニアなどアフリカ東部の国々に特に多く生息しています。1962年にウガンダがイギリスから独立した際に国鳥に認定されました。独立のシンボルとして、その姿は国旗の中央や、国章（→p141）にも描かれています。ペアや小さな群れでサバンナや湿地などに生息し、夜間は木の上で休みます。

サッカーウガンダ代表チームの愛称「The Cranes（ザ・クレインズ）」はこの国鳥から。

ザンビア Zambia

サンショクウミワシ［三色海鷲］

（タカ目タカ科） 学名 *Icthyophaga vocifer* 英名 African Fish Eagle 全長 80cm

面積 75万2,600㎢

首都 ルサカ

アフリカ大陸のサハラ砂漠以南の河川や湖、海岸に生息。和名のとおり白・茶・黒の3色の風切羽が特徴で、かぎ状のくちばしで獲物や死体を引きちぎって食べます。

世界三大瀑布に数えられるヴィクトリアの滝やザンベジ川を抱くザンビアの国鳥は、サンショクウミワシ。カモやフラミンゴなどの鳥類、ほ乳類の死体なども食べますが、魚食性が強く、水辺の木の枝などにとまって待ちぶせ、獲物が水面に近づくと、急降下して強じんな足指でキャッチします。2024年の日・ザンビア外交関係樹立60周年の公式ロゴマークは、両国の国旗の色をベースに、この国鳥と日本の国花・桜がデザインされました。

洞察力・力強さ・威厳の象徴として、ジンバブエ、南スーダンの国鳥にもなっています。

ルワンダ Rwanda

ハシビロコウ［嘴広鸛］

（ペリカン目ハシビロコウ科）　学名 *Balaeniceps rex*　英名 Shoebill　全長 120cm

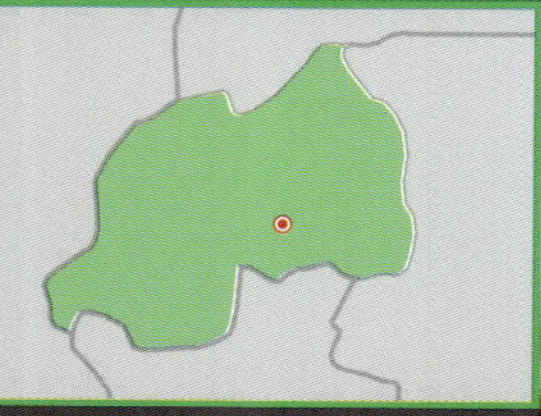

面積	2万6,300㎢
首都	キガリ

アフリカ大陸東部から中央部のパピルスの茂る湿地やその周辺の草原地帯に生息。ルワンダ、エチオピアの国鳥といわれます。

日本でも大人気の“動かない鳥”ハシビロコウ。動かないのは獲物をじっと待ちぶせてしとめる捕食方法によるもので、狩りの瞬間は倒れ込むように一気に獲物に襲いかかり、大きなくちばしの先端のかぎ状の部分で突き刺して捕らえます。獲物は主にハイギョやポリプテルスといった魚ですが、カエルやヘビ、水鳥のひなや小型ほ乳類を食べることも。くちばしの模様はすべての個体で異なり、虹彩の色は茶色→黄色→薄い水色と成長とともに変化します。

ルワンダの動物が描かれる1オンス銀貨の2019年のモチーフに採用され、話題に。

エリトリア Eritrea

ホオジロエボシドリ［頬白烏帽子鳥］

（カッコウ目エボシドリ科） 学名 *Menelikornis leucotis*  英名 White-cheeked Turaco  全長 43cm

エボシドリとしては中サイズといわれるホオジロエボシドリは、エリトリア、エチオピア、南スーダンに分布。ちなみに全長43cmのうち19cmほどは尾羽です。

面積	11万7,600㎢
首都	アスマラ

北海道と九州を合わせたほどの広さのエリトリアの国鳥は、ホオジロエボシドリ。アフリカ大陸にのみ分布するエボシドリのなかまは冠羽の形状が烏帽子に似ていることからこの和名がつきました。他の鳥には見られない珍しい羽色は色素によるものです。ホオジロエボシドリは冠羽のほか、朱色のアイリングとくちばし、目先と、名前の由来でもあるほおの白い羽毛も特徴的。樹木にすみ、短いくちばしで植物性のえさを採食します。

多様性に富んだ地形と気候のエリトリアでは、600種弱の鳥が確認されています。

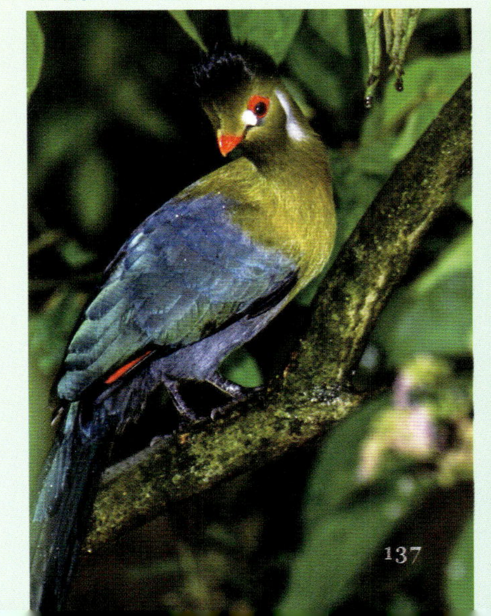

ヨウム［洋鵡］

（インコ目インコ科） 学名 *Psittacus erithacus* 英名 Grey Parrot 全長 33cm

面積 1,001㎢

首都 サントメ

飼い鳥としても人気ですが、密猟が増えて減少、絶滅危惧種に指定されています。

ギニア湾に浮かぶ赤道直下の島国サントメ・プリンシペの国鳥は、国章にも描かれているヨウム。オウムのような冠羽はなく、赤い尾羽がチャームポイントです。サントメ島とプリンシペ島の森林や農地、あちこちで出会える大型インコで、主に種子や果物を食べ、木の上を飛び交ってはさまざまな鳴き声でなかまとコミュニケーションをとります。人ともかなり高度なやりとりができ、会話や物音を覚えてまねる能力は突出しています。

成鳥となってから平均50年以上生きるといわれています。

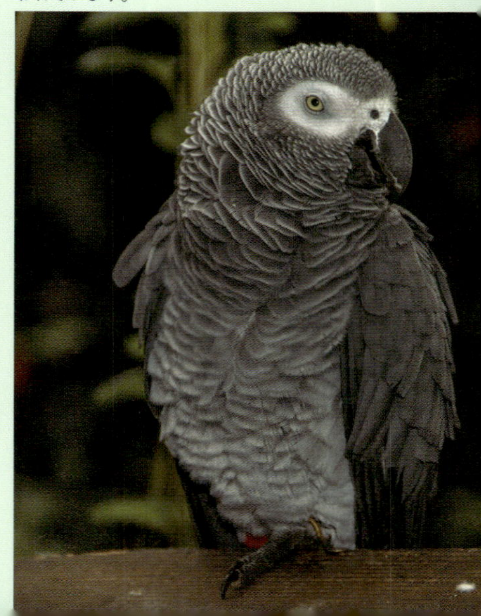

北アメリカ・
North America
南アメリカ編
South America

北部は寒帯・亜寒帯が分布する南北に長い北アメリカ大陸と、赤道上に位置する国もあり、大陸の3分の2が熱帯性気候となる南アメリカ大陸。この両大陸の国々のシンボル鳥を紹介します。

アメリカ United States of America

ハクトウワシ［白頭鷲］

（タカ目タカ科）

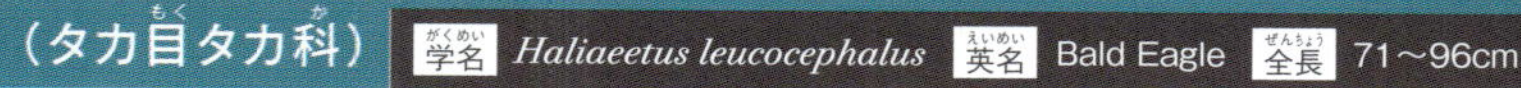

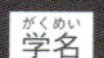学名 *Haliaeetus leucocephalus* 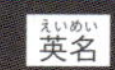英名 Bald Eagle 全長 71～96cm

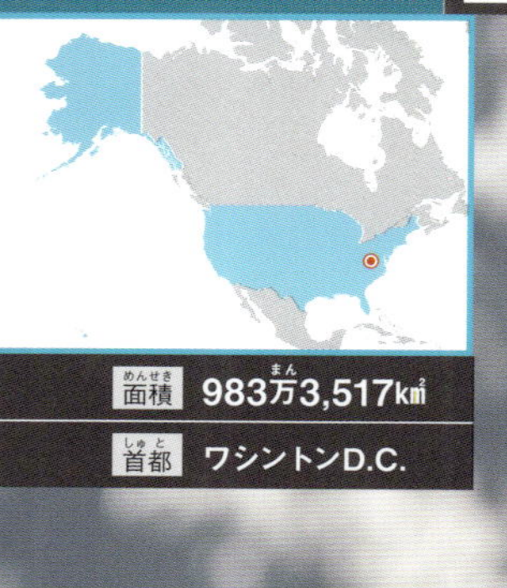

面積 983万3,517㎢

首都 ワシントンD.C.

北アメリカ大陸に広く分布。アメリカの国章をはじめ、国内の多くの連邦政府や法執行機関の記章のモチーフとして採用されています。

世界で最初の国鳥は1782年にアメリカで制定されたハクトウワシ。和名のとおり頭部から肩にかけてが白く、羽色は褐色の巨大なワシです。オスとメスは同色で、幼鳥は全身褐色で斑点があり、成長とともに頭部の白さがはっきりしてきます。海岸や川、湖沼など水辺の近くに生息し、魚や水鳥のほか、は虫類や小型ほ乳類、動物の死体も食べます。アメリカ先住民にとっては聖なる存在で、ワシやその羽根を儀式や正装に用います。

繁殖に使う巣は毎年同じものを増築して使用。サイズで主のベテラン度がわかります。

column
コラム

国章に登場する鳥たち

国章は、その国の象徴となる紋章や徽章のことです。風土、歴史、文化にまつわる事象、ゆかりがある動植物など具体的なモチーフが盛り込まれることが多く、ほとんどが国旗よりも複雑なデザイン。そのぶん多くの情報を受け取ることができます。国旗とは異なり、日本やアメリカなど法律で定めていない国も一部あり、右のハクトウワシの図柄を用いたアメリカのものは厳密には非公式ですが、事実上の国章です。

オーストラリア
エミュー (→p114)

パプアニューギニア
ゴクラクチョウ (→p116)

ウガンダ
ホオジロカンムリヅル (→p134)

サントメ・プリンシペ
ヨウム (→p138)

パナマ
オウギワシ (→p143)

グアテマラ
ケツァール (→p144)

バハマ
フラミンゴ (→p147)

ガイアナ
ツメバケイ (→p153)

カラカラ

（ハヤブサ目ハヤブサ科）

カンムリカラカラ 学名 *Caracara plancus* 英名 Southern Crested Caracara 全長 49～59cm

面積 196万㎢

首都 メキシコシティ

カンムリカラカラ

アメリカ南部から中南米に分布。サボテンにとまった姿がよく目撃されるのはお国柄。

メキシコの国鳥は、ほぼ全土で見られるカンムリカラカラ。黒い冠羽が少々ユーモラスです。ハヤブサ類と違いカラカラ類は自分で営巣し、主に開けた草原、耕作地などに生息。昆虫やミミズ、カエル、トカゲにヘビ、他の動物の卵、小型ほ乳類、残飯、動物の死体なども好んで食べるほか、他の猛きん類のえさを横取りすることも。ハヤブサの狩りというと高所から急降下するイメージがありますが、地上でえさを探すことも多い鳥です。

目先とくちばしの根元には赤い皮ふが裸出。長めの足と足指は黄色です。

パナマ Panama

オウギワシ［扇鷲］

（タカ目タカ科）　学名 *Harpia harpyja*　英名 Harpy Eagle　全長 オス90 cm、メス100cm

面積 7万5,517km²

首都 パナマシティ

中米から南米にかけて分布。パナマでは世界遺産のダリエン国立公園や、市営サミット自然公園などでも観察できます。

パナマ運河で有名な中米の国パナマの国鳥は、扇形の冠羽が目をひくオウギワシ。英名ではギリシャ神話に登場する半人半鳥のHarpyの名が付いている、重厚さと禍禍しさが共存するワシです。一方で、うっそうとした熱帯雨林を時速65km超で飛ぶ能力、サルやナマケモノなど樹上の大物も軽々とさらう握力などで、最強猛きん類の呼び声も。しかしその珍しさが密猟者のターゲットとなり、絶滅危惧種に。政府が保護に力を入れています。

独立と雄々しさの象徴としてパナマの国章にも描かれているオウギワシ（→p141）。

グアテマラ Guatemala

ケツァール（カザリキヌバネドリ［飾絹羽鳥］）

（キヌバネドリ目キヌバネドリ科）　学名 *Pharomachrus mocinno*　英名 Resplendent Quetzal　全長 オス100cm、メス36cm

面積 10万8,889km²

首都 グアテマラシティ

古代アステカではこの鳥の羽根を身につけることは王と高位聖職者にのみ許されていたのだとか。

国旗にその姿が描かれ、貨幣単位にもなっているグアテマラの国鳥ケツァール。2月から6月、繁殖期のオスがもつ60cmを超える長い飾り羽が最大の特徴です。これは尾羽ではなく、クジャクが広げる目玉模様の羽と同じく上尾筒で、繁殖期が終わると抜け落ちます。古代マヤなどから続く崇拝の対象とされてきましたが、乱獲によって全分布域で絶滅の危機に。近隣のコスタリカなどでは保護区をもうけ、生息地確保に取り組んでいます。

メキシコ南部からパナマ西部の熱帯林に生息し、果実、昆虫、トカゲなどを食べています。

バフムジツグミ ［バフ無地鶇］

（スズメ目ツグミ科） 学名 *Turdus grayi* 英名 Clay-colored Thrush 全長 23cm

面積 5万1,100㎢

首都 サンホセ

北アメリカ南部から中央アメリカ全域、南アメリカ北部にかけて分布します。

独特の生態系をもつ熱帯雲霧林が広がるコスタリカはケツァールの生息地としても有名ですが、国鳥はこのバフムジツグミ。3月から6月ごろ全土で聞こえる美しいさえずりは、コスタリカに雨季の到来を知らせるといわれています。オオハシのなかまなどに卵やひなが捕食されないよう人家近くに営巣したりと、人々の生活にとけこんでいる鳥です。ちなみに和名のバフは、牛などのもみ革(buff)やその淡い黄褐色を指す言葉で、羽毛の色を表しています。

地上を歩き回って耕作地や芝生で害虫やミミズを食べる益鳥としても評価が高い国鳥。

ニカラグア Nicaragua

アオマユハチクイモドキ［青眉蜂喰擬］

（ブッポウソウ目ハチクイモドキ科）  学名 *Eumomota superciliosa*  英名 Turquoise-browed Motmot 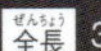 全長 34cm

面積 13万370㎢

首都 マナグア

中南米で広く親しまれている鳥で、ニカラグアのほか、エルサルバドルの国鳥にもなっています。

ニカラグアの国鳥は、カラフルな羽色と長く伸びた2本の羽が印象的なアオマユハチクイモドキ。森林地帯から都市部まで広く生息し、昆虫やトカゲ、ヘビやネズミなども捕食します。２本の羽は、じつは最初はふつうに生えていた尾羽を自分で抜いてこの形にしたもの。これを振り子時計のように横に振るので「チクタク時計鳥」の愛称も。求愛のほか、天敵発見！といった緊急事態をなかまと共有する役割もあると考えられています。

和名は目の上のターコイズブルーに由来。お土産物のデザインにも人気の国鳥です。

バハマ Bahamas

フラミンゴ ［紅鶴］

（フラミンゴ目フラミンゴ科）　ベニイロフラミンゴ　学名 *Phoenicopterus ruber*　英名 American Flamingo　全長 120～140cm

面積　1万3,880k㎡

首都　ナッソー

ベニイロフラミンゴ

バハマに生息するのはベニイロフラミンゴ。これは北米に自然生息する唯一のフラミンゴです。

バハマの国鳥は国章にも描かれているフラミンゴで、見られるのは紅色の鮮やかなベニイロフラミンゴ。湿地帯や湖沼地に生息し、藻類や小さな甲殻類を主食としています。羽毛の美しいピンク色はそれらに含まれるカロテノイドによるものです。この色彩がバハマの自然によく調和することが国鳥に選ばれた理由のひとつなのだとか。特に南部のイナグア島は6万羽以上が集う世界有数の生息地で、観光客の人気スポットとなっています。

長い足とS字に曲がった首が特徴。首都ナッソーではアーダストラガーデンで会えます。

ジャマイカ Jamaica

フキナガシハチドリ［吹流蜂鳥］

（アマツバメ目ハチドリ科）　学名 *Trochilus polytmus*　英名 Red-billed Streamertail　全長 オス25cm、メス10～11cm

面積 1万990㎢

首都 キングストン

森林破壊により数を減らした多くのハチドリに対し、開けた場所を好むフキナガシハチドリは、森林が切り開かれたジャマイカで逆に増えたともいわれます。

ジャマイカの国鳥は、輝く緑色の羽毛と長い尾羽が特徴のフキナガシハチドリ。その姿が昔の医師のスタイルを思わせることからDoctor Birdとも呼ばれる固有種です。山岳地帯から都市部まで広く生息し、主に花のみつや虫やクモを食べます。写真はオスで、メスには長い尾羽はなく、羽色は緑色ですがオスよりは地味めで、腹部は灰白色です。西部のリゾート地モンテゴベイの鳥類保護区では、観察のほか給餌体験などもできるそうです。

先住民には魂の生まれ変わり、神の鳥として崇められてきたという美しいハチドリ。

ペルー Peru

アンデスイワドリ［安天須岩鳥］

（スズメ目カザリドリ科） 学名 *Rupicola peruvianus* 英名 Andean Cock-of-the-rock  全長 30cm

面積 約129万㎢

首都 リマ

鮮やかな赤みの強いオレンジ色で、くちばしが埋まるほどボリュームアップした頭部の羽毛から目が離せないアンデスイワドリのオス。

140近い固有種を含む1800種の鳥類が生息するペルーは、コロンビアにつぐ鳥の楽園。世界自然遺産のマヌー国立公園では800種以上の野鳥が観察できます。そんなペルーの国鳥は、アンデス山脈の渓谷や森林にすむアンデスイワドリ。オスは繁殖期になるとレックといわれる集団お見合い場に集合。集団でディスプレイを行い、メスにアピールします（→p7）。その後、岩場や崖のくぼみに営巣。それがイワドリの名の由来になっています。

オスより地味な赤褐色の羽色のメス。くちばしが見えるぶん、こちらは鳥らしく見えます。

コロンビア Colombia

アンデスコンドル [安天須公佗児]

（タカ目コンドル科）  学名 *Vultur gryphus*  英名 Andean Condor  全長 120cm

面積 113万9,000㎢

首都 ボゴタ

翼開長3m超と、飛ぶ鳥としては最大級。上昇気流に乗ることで一日数百kmの移動も可能といわれています。

アンデス山脈の山岳地帯や草原などに生息し、コロンビアをはじめ南米の複数の国で国鳥とされているコンドル。高空で大きく円を描いて滑空飛行する姿はまさに優雅そのものです。そんな彼らの主食は、動物の死体。頭部に羽毛がないのは腐肉の細菌などの付着をなるべく避けるためなのだとか。鋭くない爪は獲物の捕獲には向かず、逆に足指は歩くことに適しています。野生で50年以上、飼育下では約70年生きるといわれています。

首には襟巻状に白い羽毛が生えます。オス（写真）の虹彩は褐色で、メスの虹彩は赤色です。

column
コラム

神聖な鳥コンドルは国章にも

南米アンデス山脈に生息するアンデスコンドルは、力と不死の象徴として先住民の間で崇められてきました。特にインカ帝国の時代には神の使いの聖鳥であり、インカ帝国最後の皇帝トゥパク・アマルは死後、コンドルに生まれ変わったとされました。ナスカの地上絵にも描かれているほか、南米の神話やフォルクローレといわれる民族音楽の中でも重要な役割を果たします。コロンビアだけでなくエクアドル、ボリビア、チリの国鳥でもあるコンドルは、それぞれの国章にも登場しています。

コロンビア　エクアドル

ボリビア　チリ

ベネズエラ Venezuela

ムクドリモドキ［椋鳥擬］

（スズメ目ムクドリモドキ科）

学名 *Icterus icterus*　英名 Venezuelan Troupial　全長 オス43cm、メス33cm

面積 91万2,050㎢

首都 カラカス

ベネズエラは国土の40%が自然保護区域。南米屈指の豊かな自然環境が守られています。

ベネズエラの国鳥は、オレンジと黒の羽色が鮮やかなムクドリモドキ。虹彩が黄色の目を囲むように裸出した青い皮ふも印象的です。森林や拠水林、雑木林、平野、サバンナなどの乾燥した場所に生息し、昆虫やさまざまな果実、小鳥や卵などを食べます。繁殖期は3月～9月ですが巣はつくらず、空き巣を利用したり他の鳥の巣をうばったりして入手。後者の場合は巣にいたひなや卵を食べて片づけるなど、自然の厳しさを体現することも少なくありません。

現通貨の前の500ボリバル・ソベラノ紙幣の裏面にはムクドリモドキが描かれていました。

ガイアナ Guyana

ツメバケイ［爪羽鶏］

（ツメバケイ目ツメバケイ科）　学名 *Opisthocomus hoazin*　英名 Hoatzin　全長 60～65cm

面積 21万5,000㎢

首都 ジョージタウン

ガイアナやベネズエラ、ボリビア、ブラジルなどアマゾン川流域の湿潤な森林に生息。

ガイアナの国鳥に指定されているツメバケイは、かなり変わった鳥です。青い皮ふが露出した顔、突き立った冠羽をもち、樹上で木の葉を食べてすごします。葉は消化に時間がかかるため、草食ほ乳類などと同様、分解を体内の微生物に助けてもらう「微生物消化」を行います。繁殖期は数羽で小さな群れを形成し、分担してテリトリーを守ると、水上に張り出した木の枝に営巣。誕生したひなの翼には爪があり、成鳥になるとなくなります。

和名はひなが爪をもつことに由来。ペアは仲がよく、ほぼ一生をともにします。

INDEX さくいん

本書に登場する鳥の名前を50音順に並べ、その鳥の写真が掲載されているページを紹介しています。

写真協力（50音・アルファベット順）

入江正己 ■ オオルリ（p34）、クマタカ（p44）、ツグミ（p50上・中）、サンコウチョウ（p54左）、メジロ（p63, p87）、オシドリ（p64）、オオハム（p67）

大野胖 ■ タンチョウ（p18上・下）、エゾライチョウ（p19左）、エゾフクロウ（p19）、コクガン（p24）、オシドリ（p28, p29, p78）、ヒバリ（p32左, p80, p87）、シラコバト（p37上・下）、コジュリン（p39）、アカコッコ（p41）、チュウヒ（p48下）、シロチドリ（p56左・右, p80）、カイツブリ（p57中）、モズ（p59左）、サギのコロニー（p71）、ホトトギス（p72上・下）、カササギ（p77上）、コウライキジ（p78）、ノグチゲラ（p85）、リュウキュウコノハズク（p85）、ミカドキジ（p98）

境野圭吾 ■ 八咫烏像（p35）

高橋泉 ■ エトピリカ（p19）、ミサゴ（p20）、ハクガン（p25）、イヌワシ（p28, p48）、ヤマセミ（p34）、トキ（p44）、チュウヒ（p48上）、クロツグミ（p54）、コマドリ（p73）、ヤイロチョウ（p74）、オジロワシ（p97上）、ミヤコドリ（p126右上・下）

野口好博 ■ エゾライチョウ（p19右）、カッコウ（p30, p87）、ヤマドリ（p36上）、ブッポウソウ（p52）、カンムリウミスズメ（p56）、イカル（p62）、アオバト（p83）、アカヒゲ（p84上）、キレンジャク（p88）、オオセッカ（p88）、キジ（p94右下）

原田量介 ■ キジ（p66, p94左下）

編集部 ■ インドクジャク（p69左・中）

三島薫 ■ キジ（カバー, 帯）、ウグイス（帯, p73）、ヒバリ（帯）、キビタキ（p16左）、オオバン（p39）、シジュウカラ（p40）、ツバメ（p44, p124）、モズ（p59右）、ヒドリガモ（p61）、ウミアイサ（p61）、コマドリ（p62）、ヤマセミ（p64左・右）、ナベヅル（p68上）、イワツバメ（p70上・下）、メジロ（p73）、トビ（p88）、ハマシギ（p125）

Albert Wright ■ セイロンヤケイ（p110下）

ALDO GRANGETTO ■ ケツァール（p144右上）

Alexey_Seafarer ■ イワシャコ（p108上）

Alvaro Mertin ■ ワタリガラス（p112上）

Andyworks ■ ヨーロッパコマドリ（カバー, p121上）

ange ■ ルリカケス（p84）

Armelle Llobet ■ アンデスコンドル（p150上）

BrianLasenby ■ ハシグロアビ（p99）

Bruno_il_segretario ■ セイロンヤケイ（p110右上）

alvste ■ サイチョウ（カバー）

Carole Palmer ■ ケツァール（p4上, p144左上）

Catalin Daniel Ciolca ■ モモイロペリカン（p128上）

CHENG FENG CHIANG ■ カナダカケス（p99）

CreativeNature_nl ■ ノガン（p129右上）

dangdumrong ■ サイチョウ（p5下）

DC_Colombia ■ ムクドリモドキ（p152上）

Donyanedomam ■ アンデスコンドル（カバー, p150下）

feathercollector ■ ゴクラクチョウ（p6, p116上）、フィリピンワシ（p104上）

Gabrielle ■ アンデスイワドリ（p7下）

Gemma ■ オウギワシ（p143左上）

GHArtwork ■ ジャワクマタカ（p100上）

guenterguni ■ ハシビロコウ（カバー）

guy-ozenne ■ オンドリ（p122）

Henk Bogaard ■ チョウゲンボウ（p123上）

imacoconut ■ キジ（p94上）

Jesus VM ■ サンショクウミワシ（p135上）

Jiri Prochazka ■ キーウィ（カバー）

Jmrocek ■ ケツァール（p144下）

JohnCarnemolla ■ キーウィ（p115上）

Julianna Haahs ■ カササギ（p96右上・下）

Jun Dolittle ■ カワセミ（帯, p37, p87）、ライチョウ（p1, p47下段, p52上, p53下）、キジバト（p31）、オナガ（p40）、カルガモ（p61）、マガモ（p61）、オナガガモ（p61）、ヒヨドリ（p88）

kajornyot ■ キゴシタイヨウチョウ（p102下）、ハイイロコクジャク（p105上）

Kathy gasper ■ ハクトウワシ（p140上）

kellinton1 ■ ツメバケイ（p153上）

Liene Helmig ■ チョウゲンボウ（p123左下・右下）

Marc ■ アンデスイワドリ（p7上）

Michael Meijer ■ ホオジロエボシドリ（p137上）

Mriya Wildlife ■ コキンメフクロウ（p127上）

neil bowman ■ フキナガシハチドリ（p148上・下）

NTCo ■ オウギワシ（p143右上）

Ondrej Prosicky ■ ハシビロコウ（p2-3）、ケツァール（p4下）、ホオジロカンムリヅル（p8-9）

ondrejprosicky ■ サイチョウ（p103上）

pablo_rodriguez_merkel ■ カラカラ（p142上）

panda3800 ■ シキチョウ（p109上）

Phichaklim1 ■ キゴシタイヨウチョウ（p102上）

photoncatcher ■ ヤマムスメ（p98）

phototrip ■ カグー（p118左上）

Ralfa Padantya ■ ジャワクマタカ（p100下）

Robert Ulph ■ オニトキ（p106）

Rudolf Ernst ■ ハゴロモヅル（p133上）

SamanWeeratunga ■ セイロンヤケイ（p110左上）

Simon Wantling ■ コキンメフクロウ（カバー）

Tim Link ■ アオマユハチクイモドキ（カバー，p146上）

Tristan Barrington Photography ■ ツメバケイ（p153下）

webguzs ■ ケツァール（カバー）、アンデスイワドリ（カバー，p149）

Wirestock ■ ハシビロコウ（p136右上）

zampe238 ■ サイチョウ（p5上）

小宮輝之 ■ 上記を除くすべて

イラスト協力

埼玉県 ■「コバトン さいたまっち」×「いるティー」「かいちゃん つぶちゃん」「くりっかー くりっぴー」
福島県 ■「キビタン」
つくば市 ■「フックン船長」
大阪府 ■「もずやん」承認番号 I0601
東庄町 ■「コジュリンくん」
綾瀬市 ■「あやぴぃ」
長崎県 ■「がんばくん らんばちゃん」
大分県 ■「めじろん」
苫小牧市 ■「苫小牧市公式キャラクターとまチョップ」©2011苫小牧市

主な参考文献（刊行年順）

『日本鳥類大図鑑 増補改訂版』清棲幸保［著］ 講談社 1971年
『鳥の写真図鑑 完璧版 BIRDS（地球自然ハンドブック）』コリン・ハリソン、アラン・グリーンスミス［著］ 山岸哲［日本語版監修］ 日本ヴォーグ社 1995年
『鳥学大全 東京大学創立百三十周年記念特別展示「鳥のビオソフィア―山階コレクションへの誘い」展』秋篠宮文仁＋西野嘉章［編］東京大学総合研究博物館 2008年
『日本の家畜・家禽』秋篠宮文人・小宮輝之［監修・著］ 学研プラス 2009年
『鳥（学研の図鑑LIVE）』小宮輝之［監修］ 学研プラス 2014年
『National Birds of the World』Ron Toft A & C Black 2014年
『美しいハチドリ図鑑』マリアン・テイラー、マイケル・フォグデン、シェル・ウィリアムスン［著］ 小宮輝之［日本語版監修］ 井原恵子［訳］ グラフィック社 2015年
『世界の鳥たち（ネイチャーガイド・シリーズ）』デイヴィッド・バーニー［著］ 後藤真理子［訳］ 化学同人 2015年
『フィールドガイド日本の野鳥 増補改訂新版』高野伸二［著］ 日本野鳥の会 2015年
『世界の国鳥』アフロ［写真］ 水野久美［テキスト］ 青幻舎 2017年
『Ornithology 4th Edition』Frank Gill, Richard Prum, Scott K. Robinson WH Freeman 2019年
『地理×文化×雑学で今が見える 世界の国々』かみゆ歴史編集部［編］ 朝日新聞出版 2019年
『見わけがすぐつく 野鳥図鑑』小宮輝之［監修］ 成美堂出版 2021年
『366日の誕生鳥辞典 ―世界の美しい鳥―』小宮輝之［著］ 倉内渚［絵］ いろは出版 2021年
『進化生物学者、身近な生きものの起源をたどる』長谷川政美［著］ ベレ出版 2023年

日本野鳥の会会誌『野鳥』1948年1・2月号（No.122）収録「国鳥キジ」（高島春雄 著）
Gill F, D Donsker & P Rasmussen (Eds). 2024. IOC World Bird List (v14.2). doi : 10.14344/IOC.ML.14.1.

知っているようで知らない鳥たちの魅力満載！

カンゼンの［鳥の本］
既刊ラインナップ

https://www.kanzen.jp/

「おもしろふしぎ鳥類学の世界」を旅する図鑑シリーズ

小宮輝之 監修　ポンプラボ 編集

※対象：小学校中学年以上
※総ルビ（すべての漢字にふりがながふられています）

第1弾 鳥のしぐさ・行動よみとき図鑑

ISBN978-4-86255-666-0

鳥たちが日常的によく見せるしぐさ・行動の意味や背景をビジュアル満載で紹介します。

第2弾 鳥の食べもの＆とり方・食べ方図鑑

ISBN978-4-86255-676-9

鳥たちの食べものと採食方法、そのための進化や生息地との関係などをひもときます。

第3弾 鳥の親子＆子育て図鑑

ISBN978-4-86255-701-8

鳥の親子の興味ぶかい関係、種によって異なるさまざまな子育てスタイルを紹介します。

第4弾 鳥の落としもの＆足あと図鑑

ISBN978-4-86255-727-8

鳥たちの生態がわかり行動を推測できるようになる痕跡（フィールドサイン）の数々を紹介します。

ビジュアルガイド「にっぽんの鳥」シリーズ

最新刊

にっぽん スズメ日誌

中野さとる 写真・文
ISBN978-4-86255-712-4

にっぽんのメジロ

小宮輝之 監修　ポンプラボ 編集
ISBN978-4-86255-689-9

好評既刊

にっぽんのスズメ
小宮輝之 監修
ポンプラボ 編集
ISBN978-4-86255-661-5

にっぽんのカワセミ
矢野亮 監修
ポンプラボ 編集
ISBN978-4-86255-593-9

にっぽんカラス遊戯
松原始 監修・著
宮本桂 写真
ISBN978-4-86255-643-1

にっぽんツバメ紀行
宮本桂 写真
ポンプラボ 編集
ISBN978-4-86255-635-6

にっぽんのシギ・チドリ
築山和好 写真
ポンプラボ 編集
ISBN978-4-86255-610-3

にっぽん文鳥絵巻
ポンプラボ 編
清水知恵子 写真
ISBN978-4-86255-511-3

にっぽんスズメ歳時記
中野さとる 写真
ISBN978-4-86255-377-5

にっぽんのスズメと野鳥仲間
中野さとる 写真
ISBN978-4-86255-527-4

監修 小宮輝之（こみや てるゆき）

1947年東京都生まれ。1972年に多摩動物公園に就職。以降、40年間にわたりさまざまな動物の飼育に関わる。2004年から2011年まで上野動物園園長。日本動物園水族館協会会長、日本博物館協会副会長を歴任する。2022年から日本鳥類保護連盟会長。現在は執筆・撮影、図鑑や動物番組の監修、大学、専門学校の講師などを務める。動物足拓コレクター、動物糞写真家でもある。近著に『人と動物の日本史図鑑』全5巻 （少年写真新聞社）、『366日の誕生鳥辞典－世界の美しい鳥－』（いろは出版）、『いきもの写真館』全4巻（メディア・パル）、『うんちくいっぱい動物のうんち図鑑』（小学館クリエイティブ）、監修に 『にっぽんのスズメ』『にっぽんのメジロ』『鳥のしぐさ・行動よみとき図鑑』『鳥の食べもの&とり方・食べ方図鑑』『鳥の親子&子育て図鑑』『鳥の落としもの&足あと図鑑』（カンゼン）、『お山のライチョウ』（偕成社）などがある。

STAFF

企画・編集 ········ ポンプラボ
構成 ·················· 立花律子（ポンプラボ）
ブックデザイン ···· 寒水久美子
編集協力 ··········· 小沢美紀
手塚よしこ（ポンプラボ）

せかいの国鳥 にっぽんの県鳥

発行日　2024年11月20日　初版

監　修　小宮輝之
編　集　ポンプラボ
発行人　坪井義哉
発行所　株式会社カンゼン
〒101-0021
東京都千代田区外神田2-7-1 開花ビル
TEL：03（5295）7723
FAX：03（5295）7725
https://www.kanzen.jp/
郵便振替　00150-7-130339
印刷・製本　株式会社シナノ

ISBN978-4-86255-744-5　Printed in Japan
定価はカバーに表示してあります。
ご意見、ご感想に関しましては、kanso@kanzen.jpまで
Eメールにてお寄せください。お待ちしております。